数据简史

刘士军　编著

机械工业出版社
CHINA MACHINE PRESS

数据是自然和生命的一种表现形式。古人结绳计数、勒石记事，客观地记录了人类的成长和社会的发展。今天，大数据时代，数据洪流激荡着时代的发展。本书穿越数据的前世今生，回顾了数字和数据的基本演进过程，从数学家借助概率发现数据分布的秘密到量化看世界引领大数据思维；从虚拟现实、数据孪生、数据世界的规则深入探究元宇宙的数据本质，展现即将跟随元宇宙迸发的数据活力。本书能给读者以启发和参考，一起走向数字时代的未来。

图书在版编目（CIP）数据

数据简史/刘士军编著. —北京：机械工业出版社，2023.8
ISBN 978-7-111-73599-1

Ⅰ.①数⋯ Ⅱ.①刘⋯ Ⅲ.①计算机科学-技术史-普及读物
Ⅳ.①TP3-09

中国国家版本馆CIP数据核字（2023）第143163号

机械工业出版社（北京市百万庄大街22号　邮政编码100037）
策划编辑：郑志宁　　　　　责任编辑：郑志宁　蔡　浩
责任校对：韩佳欣　张　征　责任印制：刘　媛
北京中科印刷有限公司印刷
2023年11月第1版第1次印刷
148mm×210mm・7印张・3插页・182千字
标准书号：ISBN 978-7-111-73599-1
定价：78.00元

电话服务　　　　　　　　　网络服务
客服电话：010-88361066　　机 工 官 网：www. cmpbook. com
　　　　　010-88379833　　机 工 官 博：weibo. com/cmp1952
　　　　　010-68326294　　金 书 网：www. golden-book. com
封底无防伪标均为盗版　机工教育服务网：www. cmpedu. com

马帅 博士 北京航空航天大学计算机学院教授，大数据科学与工程国际研究中心主任

在数据时代，数据已不是一个简单的符号，而是成为影响科技、社会和社会发展的关键要素之一。海量数据也推动了人工智能的发展，带给我们更深的洞察，更好的应用体验。本书从数据的本源讲起，回顾了人类探索数据的历程，并直击未来元宇宙的数据本质，以新颖的视角为读者呈现出数据的大观世界。

臧根林 博士 中国计算机学会（CCF）副秘书长，CCF计算文化与发展研究院院长

人类社会已经从工业文明时代进入信息化文明时代，数据就是这个时代最宝贵的资源，堪比工业文明时代的石油、钢铁。本书用深入浅出、通俗易懂的语言，回顾了数据发展的恢宏历程，也展现了数据空间的广阔未来，引领读者了解数据、认识数据和思考数据，非常适合对数据感兴趣的青年读者阅读，是一部很好的科普作品。

　　数据是自然和生命的一种表现形式，且由来已久，从结绳计数开始，数据就客观地记录了人类的成长和社会的发展，包括日常生活、生产创造和国家历史。

　　数据一般由数字组成，数字本身只是一种符号，人类最早可能是通过掰弄手指来计数的，但是加上脚指头也只能表示20以内的数字，所以当数字很大时，人们开始结绳计数、勒石记事（刻在石头上）。中国古代是用木、竹或骨头制成的小棍来计数的，称为算筹。古印度人发明了现在最通用的阿拉伯数字。这些计数方法和计数符号慢慢转变成最早的数字符号。这些符号所代表的数值，就是数据。《现代汉语词典》将数据解释为"进行各种统计、计算、科学研究或技术设计等所依据的数值"。数据具有客观性，是事物本身的一种属性描述；数据具有公正性，会呈现真实、展现规律、预见未来。从数据出发的量化思维，用数据衡量和比较，可以直达事物的本质。

信息化时代，人们更是将现实世界中的事物和现象以数据的形式存储到信息空间中，极大提升了数据生产的速度。据测算，到2025年，全球数据总量将达到175.8ZB，我们称为数据爆炸。数字经济时代，更是要充分发挥海量数据的优势，促进数字技术与实体经济深度融合，赋能传统产业转型升级，催生新产业、新业态、新模式。对今天的读者来说，加深对数据的理解和培养数据思维变得尤为重要。

理工科出身的人，似乎对数据更加敏感，喜欢看到数据所透露出的真实世界。笔者一直对数据充满敏感与好奇心，加之长期从事数据科学领域的教学科研工作，逐渐形成了对数据内涵与应用的个人理解。同时，出于对历史、天文、军事的兴趣爱好，也刻意观察隐藏在事件背后的数据，这些促成了写作本书的初衷，也形成了本书穿越数据的前世今生，从量化看世界到数据元宇宙的叙事架构。

笔者在本书撰写中，参考了诸多来自文献的有趣见解，但仍难免有所遗漏。在此，向所有对本书提供过帮助的诸位专家学者和未曾谋面的同行，一并致谢。同时，也感谢机械工业出版社为本书的出版给予的大力支持，并对郑志宁编辑在本书选题、策划和出版过程中所付出的耐心和辛勤的工作，表示真挚的谢意。

刘士军

2022年9月

隐藏在数据背后的真相

数据是怎样产生的？数据表达了什么？

原始社会末期，人们为了分配剩余产品，需要把口头的和手头的信息定量地记录下来，于是出现了计算和文字。《周易·系辞》中写道："上古结绳而治，后世圣人易之以书契。"人们先是笼统地记事，继而又进化出文字，出现楔形文字、象形文字、拼音文字，后来书写替代了言传，又渐渐产生了更复杂的文学、艺术。

这里的"结绳记事"，其实也是"结绳计数"，记下事情的同时也记下并计算出事情里面的数字，这就是数据最早的来源。有了"精确"数字，就有了数据，原始人打猎归来，再也不是把猎物粗略地拢成一堆，而是要数一数有几头，几只猎物，再用绳结清楚地记录下来。可以想象一下，某个英明的早期部落首领，通过准确了解自己部落收获的食物数量，能够合理地进行分配，实现了初步的"公平、公正"，既维护了部落的团结，又避免了"饥一顿、饱一顿"的窘况，最终让部落兴旺发达起来。这跟今天那些企业管理者是不是有异曲同工之妙？

数据的本质源于其客观性，它不会被人的主观意愿所篡改，因此，数据中隐藏了大量的真相。魏、蜀、吴三国争霸，那时的战争比拼的是人口数量，据历史学家不完全考证，当时魏国有504万人，吴国有256万人，而蜀国只有128万人。显然，仅有128万人的蜀国，去掉老人、妇孺和残疾人，能够征用的青壮年士兵不会超过20万人，在争霸中率先败下阵来似乎也是一种必然。

还有一个有趣的故事。17世纪到18世纪前半期，英国在北美洲陆续建立了13个殖民地，到1775年，这13个殖民地的人民开始掀起推翻英国殖民统治的独立战争，组成了"大陆军"，由乔治·华盛顿任总司令。1776年7月4日，殖民地代表在费城召开了第二次大陆会议，通过

VII

了《独立宣言》，正式宣布建立一个新国家，这个国家的名字叫作"The United States of America"。

从字面上看，美国可以是一个国家，也可以是很多个州的联合体。美国建立初期，美国民众内心是怎么看待这个国家的？国家和州的意识是怎样的？对此，没有人做过调查和统计。不过，真相却一直存在，只是隐藏在数据中。

2004年，美国一家公司开始提供一项新服务，即通过与图书馆和出版商合作，推出大量扫描图书，欲打造世界上最大的数字图书馆。同时，该公司还提供了一个名为全球书籍词频统计器的工具，使用它可以查询任意一个或几个词过去500年里在书籍中的出现频率。这项数据不受个人或者个别组织的影响，也很难有意识地去造假，所以人们的一些无意识的倾向性行为被表现得一览无遗。如果我们在软件中对比美国建立至今"The United States are"（州联合体）和"The United States is"（一个整体的国家）这两个词在书籍中的出现频率，会发现一些有趣的现象。

书籍中出现"The United States are"，复数的"are"，其实代表的是人们潜意识中的"州联合体"的意识，同样，"The United States is"，单数的"is"，则代表对"一个国家"的认同。图中趋势很明显，美国建立早期，人们将美国看作"州联合体"的意识（图中细线）要远大于将美国看作"一个国家"（图中粗线）的意识，但是，"一个国家"意识也一直在增长，并在1876年一举超过"州联合体"的意识，而这正是美国南北战争时期，代表统一的北方势力获胜。下一个急剧上升趋势则出现在1910年前后，这是美国南北战争后重建，国家开始强大的时候。此后，美国作为一个完整国家的意识逐步占据主流，而"州联合体"的意识则渐渐式微。

也许，当年写文章的人在表述心目中的美国时并没有刻意地去选择用"are"还是"is"，而只是潜意识的一种习惯使然，但是这些隐藏在人们习惯用法中的数据的变化则真切地反映了人们潜意识的变化。

数据不会撒谎，数据会揭示真相，这就是数据的魅力。

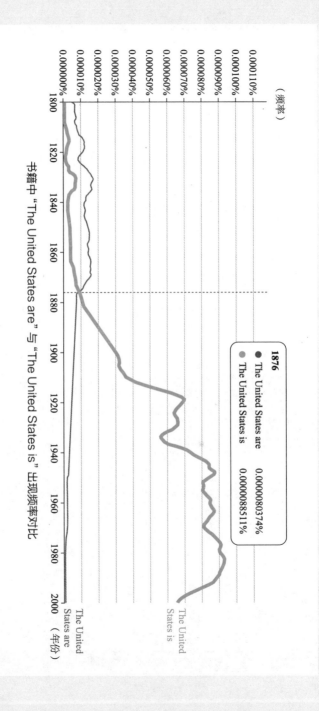

书籍中"The United States are"与"The United States is"出现频率对比

（频率）

0.000110%
0.000100%
0.000090%
0.000080%
0.000070%
0.000060%
0.000050%
0.000040%
0.000030%
0.000020%
0.000010%
0.000000%

1800 1820 1840 1860 1880 1900 1920 1940 1960 1980 2000 （年份）

1876
● The United States are   0.0000080374%
● The United States is   0.0000088511%

The United States is

The United States are

目录

目录

第三部分
开启数据元宇宙

第一部分

穿越数据的前世今生

第一章
数与原始人的困惑

　　人类在进化过程中，随着智力水平逐渐提高，要关心的事情也越来越多，比如，今天打了几头野猪？部落的人全都回来了没有？自然而然地就产生了"数"的概念，学会了计数。原始人最先用到的就是1,2,3,4,…这样的数，即我们所称的自然数。随着认知的逐步深入，人们按照"自然数→零→分数→有理数→无理数→实数→虚数→复数"的认识进程，逐渐完善了数的概念，下图所示为数的部分种类。

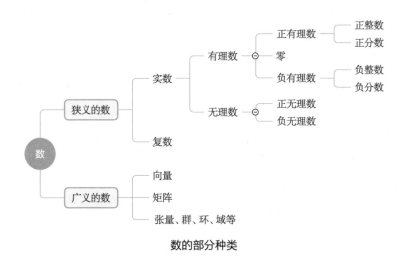

数的部分种类

1. 数的历史

　　我们现在理解数的概念是理所当然的，但"数"其实是很抽象的。

在《牛津现代高级英汉双解词典》中，英文"数字"一词"digit"除表示（从0到9的任何一个）数字的含义以外还有手指、拇指、脚趾的意思，这是不是跟婴儿数着手指头建立数的概念有关系呢？

因为数本身是一个抽象的概念，回想我们刚接触数时，也是花了很长的时间才建立起数的概念。我们对数的认知基本浓缩了人类系统化地建立数的概念的过程，也是先从自然数开始，然后是理解分数和小数，到了初中，才有了负数的概念。当我们的抽象思维能力提高以后，开始建立有理数和无理数的概念，数的范围进一步扩充为实数。到了高中阶段，为了理解方程式，又引入了虚数，我们头脑中才最终建立了复数的概念。

- 自然数

自然数集是全体非负整数组成的集合，即用数字0,1,2,3,4,…所表示的数，数学上一般用N来表示自然数的集合。自然数是人类历史上最早出现的数，在计数和测量中有着广泛的应用，人们常常用自然数来给事物标号或排序，如城市的公共汽车路线、门牌号码、邮政编码等。自然数有无穷个，所以没有最大的自然数。

但数字"0"是否应包括在自然数之内？这在数学史上还曾经存在过争议，有人认为计数自然要从1开始算起，所以自然数应该只包括正整数，也有人认为表示"从无到有"的"0"也算是"自然而然"的数，所以自然数应该包含"0"。

在2000年之前，我国的中小学教材一般不将0列入自然数之内，但有些国家和地区的教科书是把0也算作自然数的，这本是一种人为的规定。后来，我国参照国际标准，在2000年之后的新版中小学教材中，开始将0列入自然数的序列。

- "0"的发现

"0"是极为重要的数字，"0"的发现被称为人类伟大的发现之一。

约公元前2000年，古印度最古老的文献材料"吠陀"中已有"0"这个符号的应用，当时的"0"表示无（空）的位置。标准的数字"0"由古印度人在约公元5世纪时发明，他们最早用黑点"•"表示零，后来逐渐变成了"0"。7世纪初，印度大数学家葛拉夫·玛格蒲达首先说明了0个"0"是"0"，任意数加上0或减去0得任意数。

1202年，意大利出版了一本重要的数学书籍——《算法之书》，书中广泛使用由阿拉伯人改进的印度数字，标志着新数字在欧洲开始使用。这本书共分十五章。书中有记载：印度的9个数目字是"9、8、7、6、5、4、3、2、1"，用这9个数字以及阿拉伯人叫作"零"的记号"0"，可以表示出来任何数。由于一些原因，"0"这个符号在最初被引入西方时，曾经引起西方人的困惑，因当时西方认为所有的数都是正数，而且"0"这个数字会使很多算式、逻辑不能成立（如除以0），有人甚至认为"0"是魔鬼数字。不过，有了"0"确实很方便，特别是后来发明了用位权表示数的进制，"0"的作用就更不可替代了。

● 分数

随着生产、生活的需要，人们发现，仅能表示自然数是远远不够的。在分割土地，表示一段绳子的长度、一块肉或一袋面粉的重量时，自然数就不够用了。也就是说，人们在生产和生活中开始使用尺子、量器和秤的时候，分数就应运而生了。中国古代的数学著作《九章算术》最早论述了分数运算的系统方法。

● 负数

同样，人们在生活中也经常会遇到各种意义相反的数。比如，在记账时有盈有亏；在计算粮仓存米时，有时要记进粮食，有时要记出粮食。为了方便，人们就考虑用意义相反的数来表示，于是引入了正数、负数这两个概念，把余钱、进粮食记为"正"，把亏钱、出粮食记为"负"。魏晋时期的学者刘徽首先给出了正数和负数的定义，他所著的《九章算术注》中注有："今两算得失相反，要令正负以名之。"意思是说，在计算过程中遇到具有相反意义的数，要用正数和负数来区分它们。

- ● 有理数

小学生第一次接触到有理数的概念时，难免感到费解，这种数为什么就"有理"了？还有，别的数为什么就"无理"了？这其实是一个翻译上的失误。有理数一词是从西方传来的，用英语表示为rational number，而rational通常的意义是"理性的"。中国在近代翻译西方科学著作时，借鉴日语中的翻译方法，以讹传讹，把它译成了"有理数"。追根溯源，这个词来源于古希腊，其英文词根为ratio，就是比率的意思（这个词的词根虽然是英语中的，但希腊语意义与之相同）。所以这个词的本义也很清楚，就是代表整数的"比率"，即可以表示为两个整数之比的数。与之相对，"无理数"就是不能精确表示为两个整数之比的数，而并非没有道理的意思。

数学上，有理数准确的定义是一个正整数a和一个正整数b的比，例如3/8，另外，0也是有理数。由于所有整数都可以表示成"$n/1$"的形式，所以有理数是整数和分数的集合，整数也可看作分母为1的分数。有理数的小数部分是有限或为无限循环的数。而不是有理数的实数称为无理数，即无理数的小数部分是无限不循环的数。

- ● 无理数

毕达哥拉斯是古希腊伟大的数学家。他证明过许多重要的定理，包括后来以他的名字命名的毕达哥拉斯定理（勾股定理），即直角三角形两直角边为边长的正方形的面积之和等于以斜边为边长的正方形的面积。

在古希腊，毕达哥拉斯将数学扩展到哲学领域，他用数的观点去解释世间万物。毕达哥拉斯发现，琴弦的长度反比于琴弦的频率，两个长度呈简单整数比的琴弦能够发出和谐的声音。他将弦长比分别为2∶1，3∶2，4∶3时发出的，相隔纯八度、纯五度、纯四度的音程定义为完美的协和音程。弦长与频率的关系如下图所示。然后，他以一根固定长度的琴弦为基础，以这些"完美比值"制作了其他的琴弦。毕达哥拉斯用这种方法创造了一套互相之间有着明确数学关系的音律，称作"五度相生律"。这套音律不仅成为毕达哥拉斯学派各种艺术活动中的基石，甚至流传至后世，一直影响着现代的音乐理论。

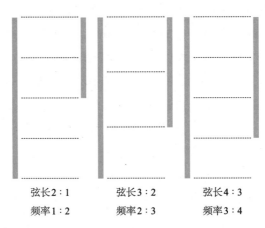

弦长2∶1 弦长3∶2 弦长4∶3
频率1∶2 频率2∶3 频率3∶4

弦长与频率的关系

经过进一步的理论升华，毕达哥拉斯进一步提出了"万物皆为数"的观点。毕达哥拉斯及其学派认为：数的元素就是万物的元素，世界是由数组成的，世间万物没有不能用数来表示的，数本身就是世界的秩序（依靠数的比例）。他们甚至认为：宇宙和谐的基础是完美的数的比例，所有数都能通过分数的形式表示出来。

这里的"万物皆为数"显然就是指有理数了，因为它们都"能够通过分数的形式表示出来"，这个数要能够写出来，要么用整数，要么用分数。然而，毕达哥拉斯的弟子希帕索斯发现了一个惊人的事实，一个正方形的对角线与其一边的长度是不可公度的，所谓"公度"是一个几何学概念。对于两条线段 a 和 b，如果存在线段 d，使得 $a = md$，$b = nd$（m、n 为自然数），那么称线段 d 为线段 a 和 b 的一个"公度"。举个例子，正方形的边长为1，则对角线的长不是一个有理数，很容易算出这个对角线长度为 $\sqrt{2}$。

其实，欧几里得的《几何原本》中提出一种证明无理数的经典方法：

证明：$\sqrt{2}$ 是无理数

假设 $\sqrt{2}$ 不是无理数

$\therefore \sqrt{2}$ 是有理数

令 $\sqrt{2} = \dfrac{p}{q}$（p、q 互质且 $p \neq 0$，$q \neq 0$）

两边平方得 $2 = \left(\dfrac{p}{q}\right)^2$

即 $2 = \dfrac{p^2}{q^2}$

通过移项，得到：$2q^2 = p^2$

$\therefore p^2$ 必为偶数

$\therefore p$ 必为偶数

令 $p = 2m$

则 $p^2 = 4m^2$

$\therefore 2q^2 = 4m^2$

化简得 $q^2 = 2m^2$

$\therefore q^2$ 必为偶数

$\therefore q$ 必为偶数

综上，q 和 p 都是偶数

$\therefore q$、p互质与且 q、p为偶数相互矛盾，故原假设不成立

$\therefore \sqrt{2}$ 为无理数

    这种不可公度性与毕达哥拉斯学派的"万物皆为数"（指有理数）的理论显然是矛盾的。希帕索斯思考了很久也没想出如何解释这个怪现象，他对自己的发现既惊奇又惊骇，因为他自己最初也坚信老师毕达哥拉斯"万物皆为数"的观点。他不敢对外宣称自己发现了一种奇怪的数，只好告知了毕达哥拉斯，由他定夺。

    这一发现使毕达哥拉斯感到惶恐，因为这将动摇他在学术界的统治地位。毕达哥拉斯第一时间下令封锁了消息，警告希帕索斯不要再研究这个问题，并称希帕索斯是学派的叛徒，准备处置他。希帕索斯被迫流亡他乡，不幸的是，他还是被毕达哥拉斯的门徒追上，并被投尸大海，葬身鱼腹，为坚持真理献出了生命。

    然而真理毕竟是掩盖不了的，毕达哥拉斯学派抹杀真理才是"无理"。人们为了纪念希帕索斯这位为真理而献身的可敬学者，就把不可公度的量取名为"无理数"——这就是无理数的由来。

    实际上，希帕索斯的发现，第一次向人们揭示了有理数系的缺陷，证明了有理数并没有布满数轴上的点，不能与连续的无限直线等同看待，在数轴上存在着不能用有理数表示的"孔隙"。而这种"孔隙"经后人证明简直"不可胜数"。

    在数学中，无理数是所有不是有理数的实数，当两个线段的长度之比是无理数时，这样的线段被描述为不可测量（公度），这意味着它们无法"比较"。所以，无理数不能被写成两个整数之比，若将它写成小数形式，小数点之后的数字有无穷多个，并且不会循环。常见的无理数有非完全平方数的平方根、圆周率 π 和自然底数e等。

    不可公度的本质是什么？长期以来众说纷纭，得不到正确的解释，两个不可公度的比值也一直被认为是不可理喻的数。15世纪意大利著名

画家达·芬奇称这样的数为"无理的数"，17世纪德国天文学家开普勒称它们为"不可名状"的数。不可公度的发现促使人们从依靠直觉、经验来判断事物而转向依靠证明，推动了公理几何学和逻辑学的发展，对以后2 000多年数学的发展产生了深远的影响，并且促使了微积分思想的萌芽。

- 实数

由无理数引发的数学危机一直延续到19世纪后期。1872年，实数的三大派理论，即戴德金"分割"理论、康托尔的"基本序列"理论及维尔斯特拉斯的"有界单调序列"理论，同时在德国出现。戴德金从连续性的要求出发，用有理数的"分割"来定义无理数；康托尔用有理数的基本列的方法来界定无理数；维尔斯特拉斯用无穷（非循环）十进制小数的方法及端点为有理点的闭区间套和有界单调有理数列的方法，建立了多种形式上不同，而实质上等价的严格的实数理论。他们都是首先从有理数出发去定义无理数，即数轴上有理点之间的所有空隙（无理点），都可以由有理数经过一定的方式来确定，然后证明这样定义的实数具有人们原来熟知的实数所应有的一切性质，特别是连续性。实数的三大派理论从本质上对无理数给出了严格定义，从而建立了完备的实数域。实数域的构造成功，使古希腊人的算术连续统一的设想，终于在严格的科学意义下得以实现，结束了持续2 000多年的数学史上的第一次大危机。

- 虚数与复数

在数学中，复数就是形如 $a + bi$ 的数，其中 a、b 是实数，且 $b \neq 0$，$i^2 = -1$，实数 a 和 b 分别被称为复数的实部和虚部。之所以用字母"i"，原因是虚数的本义是"imaginary number"，即想象的、虚构的数字。虚数这个名词是17世纪著名数学家笛卡尔创立的，因为当时的观念认为这不是真实存在的数字。后来发现复数 $a+b\mathrm{i}$ 的实部 a 可对应平面上的横轴，虚部 b 对应平面上的纵轴，这样复数 $a+b\mathrm{i}$ 可与平面内的点（a,b）对应。

复数的建立，经历了一个漫长的过程。1637年，法国数学家笛卡尔正式使用"实数"和"虚数"这两个名词。此后，德国数学家莱布尼茨、瑞士数学家欧拉和法国数学家棣莫弗等研究了虚数与对数函数、三角函数之间的关系。除了用于解方程，数学家还把复数应用于微积分，得出很多有价值的结果。欧拉还首先用 i 来表示 -1 的平方根。

1797年，挪威数学家维赛尔在平面中引入数轴，以实轴和虚轴所确定的平面向量表示这类新数，不同的向量对应不同的点，因而表示的复数也互不相同。他还用几何术语定义了这类新数与向量的运算，建立了平行四边形法则，这实际上已经揭示了这类新数及其运算的几何意义，但在当时未引起人们的注意。

1816年，著名的德国数学家高斯在证明代数基本定理时应用并论述了这类新数，而且首次引进"复数"这个名词，把复数和复平面内的点一一对应起来，从而建立了复数的几何基础。

1837年，爱尔兰数学家哈密顿用有序实数对（a,b）定义了复数及其运算，并说明复数的加、乘运算满足实数的运算定律；实数则被看成特殊的复数（$a,0$）。这样，历经300年的努力，数系从实数系向复数系的扩张才得以完成。

2. 计数有学问

数字是某种位置数字系统中表示数的单独的符号（比如"2"）或者组合的符号（比如"25"）。在这种系统中，数字按照一定的规律组合起来，就能表示任何数值，称为数。

数的概念最初无论在哪个地区都是从1,2,3,4,…这样的自然数开始的，但是计数的符号却大不相同，人类历史上发明了很多种数字符号。古巴比伦人用点来表示数字，五个点表示5，八个点表示8，九个点表示9。点太多，数不清时，人们又发明了专用的计数符号，"<"表示10，"T"表示360等。在中国，"一，二，三，四，五，六，七，八，九，十，百，千，万"这13个数字在甲骨文中就已经出现。古罗马的数字系统相当先进，罗马数字的符号一共只有7个："I"（代表1）、"V"（代表5）、"X"（代表10）、"L"（代表50）、"C"（代表100）、"D"（代表500）、"M"（代表1 000）。这7个符号位置上无论怎样变化，它所代表的数字都是不变的。罗马数字影响甚广，美国橄榄球年度赛事"超级碗"每年的Logo都是一个变形的罗马数字加橄榄球的造型。

世界上曾出现过很多种数字系统，不同的文明如中国、波斯、古印度、古罗马等，都在历史长河中发展出了自己的数字系统。有意思的是，中国还发展出了大写数字这种独特的系统，这种方式利用与数字同音的汉字取代数字，以防止数目被涂改，而罗马数字因为字形规整，富于装饰性，经常出现在表盘上，不过目前最常用的还是阿拉伯数字。

常用的数字系统

阿拉伯数字	0	1	2	3	4	5	6	7	8	9
中国数字（日常）	〇	一	二	三	四	五	六	七	八	九
中国数字（大写）	零	壹	贰	叁	肆	伍	陆	柒	捌	玖
罗马数字		I	II	III	IV	V	VI	VII	VIII	IX

数字看似简单，但发展成现代的数字系统却经过了数千年的进化，很多现在看似简单的概念，也是经过了漫长的演化才发展成熟的。

古人借用身体部位辅助计数，首先想到的当然是手指，这也许是我们喜欢用"十"作为计数单位的由来。有些文化甚至连指关节、脚趾之间和手指之间的空间都用上了，比如新几内亚的Oksapmin文化，使用

27个上身的位置来表示数字。

古人在交易、记录中，把数字刻在木头、骨头和石头上来保存数字信息。公元前8000年到前3500年，苏美尔人发明了一种在黏土中保存数字信息的方法。这是用各种形状的小块黏土标记完成的，这些标记可以像串珠一样串起来。

最初的数字都是指代具体的事物，慢慢地，古人逐渐建立了数字的抽象概念。大约公元前3100年，数字开始与被计算的东西分离，成为抽象的符号。

在公元前2700年到公元前2000年，苏美尔人用于书写的圆形手写笔逐渐被三角形尖头的芦苇秆取代，形成了黏土上的楔形数字符号。这些楔形数字符号类似于它们所替换的圆形数字符号，并保留了圆形符号的一些附加值符号。这些数字系统逐渐发展演变为一种通用的六十进制数系统。这个六十进制数系统在古巴比伦时期得到了充分发展，并成为当时的计数标准。

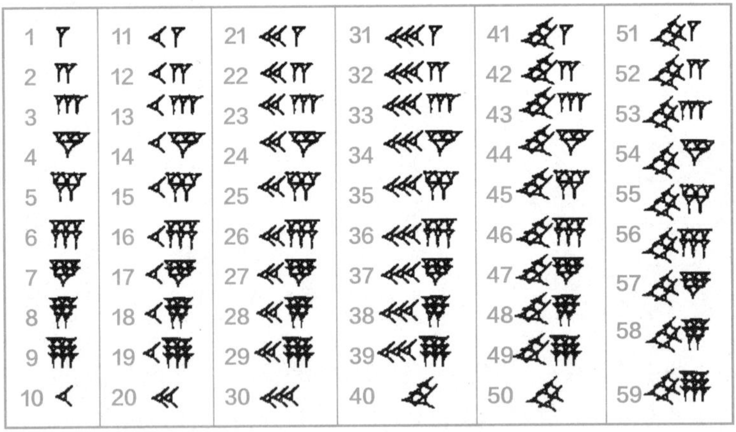

苏美尔人楔形数字符号

古巴比伦的六十进制数系统是混合基数系统，交替使用基数10和基数6，这两个基数分别用垂直楔形和人字形表示。到公元前1950年，六十进制数系统在商业中被广泛使用，同时也用于天文和其他计算，并从古巴比伦传播到整个美索不达米亚以及那些使用标准古巴比伦计量和计数单位的地中海国家，包括古希腊、古罗马和古埃及。现代社会中仍然使用古巴比伦六十进制数系统来表示时间（每小时分钟数）和角度（度数）。

中国是最早研究模运算的国家，即整数相除求余数。模数相当于一种进制，只不过进位系统是一些特殊的整数。我国古代算书《孙子算经》中有这样一个问题："今有物不知其数，三三数之剩二，五五数之剩三，七七数之剩二，问物几何？"意思是，一个数除以3余2，除以5余3，除以7余2，求适合这个条件的最小数。这是个典型的模运算问题，被称为"孙子问题"。关于孙子问题的一般解法，国际上称为"中国剩余定理"。

我国古代学者早就研究过这个问题的解法。例如，我国明朝数学家程大位在他著的《算法统宗》中就用四句很通俗的口诀暗示了此题的解法：三人同行七十稀，五树梅花廿一支，七子团圆正半月，除百零五便得知。这里"正半月"暗指15。"除百零五"的原意是用105去除，求出余数。这四句口诀暗示的意思是：当除数分别是3，5，7时，用70乘以用3除的余数，用21乘以用5除的余数，用15乘以用7除的余数，然后把这三个乘积相加。相加的结果如果比105大，就除以105，所得的余数就是满足题目要求的最小正整数解。

古人发展出了模数计算，主要是满足军队和供给的需要。比如说，部队数量和粮食数量之间的分配关系其实就跟上面的"孙子问题"很类似，经过模数计算，很快就会找到合适的粮食分配方案。我国古代的建筑行业，也长期使用模数计算方式，即将很多常用的建筑构件及其尺寸固定下来，便于互换和标准化作业。模数计算适合做乘法，但不适合做加法，现代社会已经不太常用了，但在数字信号处理、密码学中还被广泛使用。

最古老的希腊数字系统是雅典数字系统，早在公元前4世纪，古希腊人就开始使用一个准十进制字母系统（希腊数字）。犹太人也使用过类似的系统（希伯来语数字），其中最早的例子是公元前100年左右的硬币。这种数字系统的特点是五、十进制混合，可以表示1,5,10,100,1 000,⋯现代货币系统其实还留有这种数字系统的痕迹。

古罗马帝国大致遵循古希腊的习惯，即将字母分配给各种数字，包括常用的"Ⅰ""Ⅴ""Ⅹ"（分别代表1、5、10）。罗马数字系统在欧洲仍然被普遍使用，直到16世纪开始普遍使用现代的位置计数系统。

中美洲的玛雅人使用十八进制与二十进制混合的数字系统，而且其数字系统已经包括了位置符号和零等先进符号。玛雅人使用这个系统进行先进的天文计算，包括太阳年长度计算和金星轨道高精度计算等。印加帝国使用一种复杂的彩绳绳结记号系统来管理帝国庞大的经济。可惜的是，16世纪，西班牙征服者在摧毁印加帝国的同时，也毁灭了这种彩绳绳结记号系统中的结节表示方法和颜色编码系统，导致其没能流传下来。

一些权威人士认为，我国最早采用算筹来体现位置计数系统。而现代普遍使用的阿拉伯数字就是一种位置计数系统，最早其实是由印度数学家发明的，公元773年前后由印度大使带到巴格达的天文表被引入阿拉伯世界。从印度开始，经由阿拉伯与非洲之间蓬勃发展的贸易，再将阿拉伯数字这一概念带到了开罗，阿拉伯数学家进一步将该系统扩展到包含小数的部分，然后现代阿拉伯数字在12世纪的时候被阿拉伯人引入欧洲。

- 计数的规则——计数法

随着人类社会的进步，数字也在逐渐变大，即开始变得无穷无尽。然而代表数的符号却只有那么不多的几个或十几个，怎么办呢？人们能想到的是把几个符号拼凑在一起表示更多的数，但这就需要有个规则。历史上，不同时代、不同地域、不同文化中产生的计数制度可以说是五花八门，这些计数系统是在数字系统上面增加了一些规则产生的，所以被称为附加数字。

（1）简单累数制

一个罗马数字符号重复几次，就表示这个数的几倍。如："III"表示"3"；"XXX"表示"30"。不过，如果数字稍微大一点儿，表示起来就困难了，如3 888，罗马字就得写成"MMMDCCCLXXXVIII"。显然这种辅助计数手段不太实用。

（2）右加左减

一个代表大数字的符号右边附一个代表小数字的符号，就表示大数字加小数字的数目，如罗马数字"VI"表示"6"，"DC"表示"600"。一个代表大数字的符号左边附一个代表小数字的符号，就表示大数字减去小数字的数目，如"IV"表示"4"，"XL"表示"40"，"VD"表示"495"。这种方法比简单累数法方便了不少，但阅读难度较大。

（3）分级符号制

如古埃及僧侣将$10, 20, \cdots, 90$以及$100, 200, \cdots, 900$等采用特殊的符号来表示。

（4）乘法累数制

在我国古代，214 557被读作"二十一万四千五百五十七"。从我国最早的文字记录来看，数词通常是十进制。"十、百、千、万、亿、兆、经、姟"等数词早已有之，只不过万以上的数词如亿、兆、经、姟等不常用。"甲骨文里面出现的数词最大为'三万'""周代出现了'亿'以上的数词"，《伐檀》中写道："胡取禾三百亿兮。"

（5）位置计数法

位置计数即今天我们常用的阿拉伯数字的计数方法。不同位置的数字代表的权重不一样，称为"位权"。位置计数法的出现，为数字表示

附加数字

阿拉伯数字	1	5	10	20	30	40	50	60	70	80	90	100	500	1 000	10 000	10^8
中国数字（小写）	一	五	十	二十	三十	四十	五十	六十	七十	八十	九十	一百	五百	一千	一万	一亿
中国数字（大写）	壹	伍	拾	贰拾	叁拾	肆拾	伍拾	陆拾	柒拾	捌拾	玖拾	壹佰	伍佰	壹仟	壹万	壹亿
罗马数字	I	V	X	XX	XXX	XL	L	LX	LXX	LXXX	XC	C	D	M	MMMMMMMM	三C

016

和计算都带来了极大的方便，可谓数系发展的第一个里程碑。

（6）科学计数法

科学计数法是一种计数的方法，即把一个数表示成 a（$1 \leqslant a < 10$）与10的幂（n代表幂，为整数）相乘的形式。当我们要标记或运算某个较大或较小且位数较多的数时，用科学计数法可以避免浪费很多空间和时间。如世界人口约有70亿，可以写成 $7\,000\,000\,000 = 7 \times 10^9$。

3. 数的进制

进制也就是进位计数制，是人为定义的带进位的计数方法。任何一种进制——X进制，就表示每一位置上的数运算时都是逢X进一位。十进制是逢十进一，十六进制是逢十六进一，二进制就是逢二进一，以此类推，X进制就是逢X进位。

- 十进制

人类天然选择了十进制。

由于人类的双手共有十根手指，故在人类自发采用的进位制中，十进制是使用最普遍的一种。原始人类在需要计数的时候，首先想到的就是利用天然的算筹——手指来进行计数。成语"屈指可数"某种意义上来说就描述了这样一个计数的场景。

- 二进制

二进制有两个特点：一是它由两个数码0,1组成，二是二进制数运算规律是逢二进一。

我国古代发明的八卦，可以类比到通过爻组合而成的二进制数；爻是《易经》中组成卦的符号，"—"为阳爻，"— —"为阴爻。每三爻合成一卦，可得八卦。两仪即为二进制的位0与1，四象即两位二进制组合的4种状态，八卦即3位二进制组合的8种状态。两卦（六爻）相重，则得六十四卦。然而，八卦更应该被看作一种古代哲学思想，我国历史上并没有发展出二进制的应用。直到18世纪，德国著名的数学家、哲学家莱布尼茨才第一个认识到二进制计数法的重要性，并系统地提出了二进制数的运算法则。

因为数字计算机只能识别和处理由"0""1"符号串组成的代码。其运算模式正是二进制，所以现代计算机领域普遍采用二进制进行计数。二进制虽然不如十进制直观，但在计算中却具有很多优点：

（1）二进制中只有两个数码0和1，可用具有两个不同稳定状态的元器件来表示一位数码。例如，电路中某一通路的电流的有无、某一节点电压的高低、晶体管的导通和截止等。

（2）二进制数运算简单，大大简化了计算中运算部件的结构。

（3）二进制天然兼容逻辑运算。逻辑"真"常用"1"表示，逻辑"假"常用"0"表示，这些都是逻辑计算的基础。

（4）二进制与2的乘方的各种进制换算起来非常方便。由于2是最基本的偶数，2的乘方之间运算非常方便，$2^3 = 8$，$2^4 = 16$，因此八进制和十六进制在计算机中也非常常见。只需要把二进制表达的数值从低位开始每3位一组截开，就可以表达为八进制数；从低位开始每4位一组截开，就可以表达为十六进制数。例如，二进制数据$(11\,101\,010.010\,110\,100)_2$对应八进制数据$(352.264)_8$或$352.264_O$。

（5）由于$2^{10} = 1\,024 \approx 1\,000$，这就在二进制和十进制之间建立了一个天然的近似关系，比如，我们在表示数据时常用的K、M、G、T这些数量单位，分别是Kilo(10^3)、Mega(10^6)、Giga(10^9)、Tera(10^{12})的简写，在表示计算机存储容量时近似表示为2^{10}，2^{20}，2^{30}，2^{40}，即：

$$1K = 1\,024个字节$$

$$1M = 1\,048\,576字节$$

$$1G = 1\ 073\ 741\ 824\ 字节$$
$$1T = 1\ 099\ 511\ 627\ 776\ 字节$$

- 五进制

五进制是以5为基数的进位制，起源显然来自一只手有5根手指。计票时很多人惯用画"正"字的方式，其实就是一种五进制。与此类似，外国人也常用画五角星，或者四竖加一横来表示"5"。

我国古代人很喜欢用五进制，算盘就是五进制，这应该是便于计算的原因。比如，算盘口诀"三下五除二"，含义为在算盘的下档上有两个珠或者多于两个珠时，如果要再加上个三，操作时应从上档上拨下一个珠，下档上除去两个珠，即先加五再减二，上档那个珠，实际上就是一个五进制的进位。由于这句口诀给人非常干练的印象，已经成为办事利落的一个代名词。

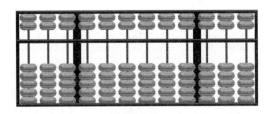

算盘

我国古代音律中，使用更多的也是五声音阶，依次为"宫—商—角—徵—羽"。如按音高顺序排列，即为"1—2—3—5—6"。虽然只用了5个音符，但只要五音全了，也有着独特的艺术魅力。

- 七进制

七进制是以7为基数的计数系统。使用数码0～6。由于7是一个素数，七进制小数通常都是循环小数，除非分母是7的倍数，所以七进制用起来非常不方便。但我们平时采用的星期可以看作七进制的一个例子。

音乐的基本元素也是7个音符，却可以渲染出动人的旋律。

- 十二进制

十二进制是以12为基数的计数系统。十二进制的来源有两种说法，一种说法是10根手指头加两只脚，为什么不是加上10根脚指头？可能是因为穿着鞋子的缘故吧。另一个说法是可能因为一年约有12个整月，这个说法应该更可靠一些。

十二进制在日常生活中应用非常普遍，英制长度单位一英尺等于12英寸，一先令等于12便士。一天有24个小时，钟表的一个循环是12个小时。还有个单位叫作"打，"一打表示12个，所以超市里卖的啤酒、饮料基本都是12进制单位包装的，一箱12瓶或者24罐，一提一般是半打，6瓶。

- 十六进制

我国的重量单位曾经有一个进制的个例，就是1斤等于16两，所以成语有"半斤八两"之说。为什么会有这种特殊比例？有一种说法是为了便于细分，过去粮食比较稀缺，一斤粮食对半分就是8两一份，再对半得4两一份，再对半得2两一份，还可再细分为1两一份，都很精确，这其实就是二进制的优势了。1959年，国务院发布《关于统一计量制度的命令》，确定米制为中国基本计量单位，在全国推广使用，保留市制，规定"市制原定十六两为一斤，因为折算麻烦，应当一律改为十两为一斤"。但是中药材因为流传有大量带有重量的处方，计量仍用旧制。

- 六十进制

60是一个非常好的合数，它的因子很多，1、2、3、4、5、6、10、12、15、20、30，因此用60作为进制单位，可以很好地表示各种小数，给日常生活中的精细化分割带来很大的方便。比如，在一小时里面，不论是3分钟、5分钟、10分钟、15分钟、20分钟还是30分钟，都很容易换算出与一小时的比例关系，非常方便。前面提到，古巴比伦人最早引入了六十进制，希腊人、欧洲人到16世纪仍将这一系统运用于数学计算和天文学计算中，六十进制在漫长的历史发展中逐渐占据了自己的一席之地。直至现在六十进制仍被应用于角度、时间单位（分、秒）的记录表示上，我们现在把圆周分为360等份，也应归功于古代巴比伦人。

4. 有趣的数

人们在使用数的过程中，发现了很多有趣的数，这些数就像自然界的生灵一样，带有宇宙原始的规律性，神奇而奥妙。

4.1 素数与周期蝉

素数又称质数，指在大于1的自然数中，除了1和它本身以外不再有其他因数。

素数的个数是无穷的。欧几里得的《几何原本》中有一个经典的证明。它使用了证明常用的方法：反证法。具体证明如下：假设素数只有有限的n个，从小到大依次排列为$p_1, p_2, \cdots, p_n$，设$N = p_1 \times p_2 \times \cdots \times p_n$，那么，$N+1$是素数或者不是素数。

如果$N+1$为素数，则$N+1$要大于$p_1, p_2, \cdots, p_n$，所以它不在那些假设的素数集合中。

如果$N+1$不是素数（称为合数），因为任何一个合数都可以分解为几个素数的积，而N和$N+1$的最大公约数是1，所以不可能被

$p_1, p_2, \cdots, p_n$整除，所以该合数分解得到的素因数肯定不在假设的素数集合中。因此，无论该数是素数还是合数，都意味着在假设的有限个素数之外还存在着其他素数，所以原先的假设不成立。也就是说，素数有无穷多个。

判断一个正整数N是否为素数，最简单的方法就是试除法，将该数N用小于等于$\sqrt{N}$的所有素数去试除，若均无法整除，则N为素数；之所以只需要试到$\sqrt{N}$，是因为再大的数肯定不会是N的因子了。

关于素数的思考引出了著名的"哥德巴赫猜想"。1742年，哥德巴赫在给欧拉的信中提出了一个猜想：任一大于2的偶数都可写成两个素数之和。但是哥德巴赫自己无法证明它，欧拉一直到死，也无法证明。现在我们经常将"哥德巴赫猜想"描述为"任一充分大的偶数都可以表示成一个素因子个数不超过a个的数与另一个素因子不超过b个的数之和"，记作"$a+b$"。1966年，陈景润证明了"$1+2$"成立，即"大偶数可以表示为一个素数及一个不超过两个素数的乘积之和"。这就是民间讹传"哥德巴赫猜想就是证明$1+1=2$"的由来。

自然界有很多素数的神奇应用，比如，多数生物的生命周期恰巧为素数（单位为年），这样可以最大限度地减少遭遇天敌的机会。

周期蝉是美国的一类蝉的属名，其生命周期为13年或17年，也被称为13年蝉或17年蝉。这种蝉的幼虫孵化后即钻入地下，一生中绝大多数时间都在地下度过，靠吸食树根的汁液生存。到了孵化后的第十三年或第十七年，同种蝉的若虫同时破土而出，在4～6周内羽化、交配、产卵、死亡，完成生命历程。卵孵化后再进入下一个生命周期。因此，每隔17年或13年，在美国东部一些地方就会突然出现大量的蝉，这成为一种奇景。

博物学家很早就注意到了这个现象，并开始了持续的研究。20世纪初的研究发现，在非常规周期内出现的蝉会被捕食性鸟类吃得一干二净。美国康奈尔大学的行为生态学家沃尔特·科尼格和美国农业部林业局的生态学家安德鲁·利布霍尔德共同研究了从1966年到2010年美国捕食性鸟类种群资料，主要针对其中15种鸟类，包括黄嘴美洲鹃、红头啄木鸟、家雀等以蝉为食的鸟类，希望弄清楚这些鸟的数量是否与蝉的生命周期有关。他们的研究显示，在周期蝉大批量涌现的当年，这些鸟类的数量恰巧达到最低点。

趴在栅栏上的密密麻麻的周期蝉

为什么会出现这种巧合？科学家们推测，在周期蝉出来的那一年，由于食物异常充足，这些蝉的捕食者因为容易获得食物，繁殖力和后代生存率都增加了，后代顺利长大造成种群的扩张。但到了第二年，由于周期蝉的出土周期很长，食物突然陷入短缺；第三年、第四年也是如此，这些"超生"出来的鸟类，很可能等不到周期蝉下次出土就饿死了，这样周期蝉下次出土的时候，鸟类的种群数量又恢复到了正常水平。

至于为什么需要13年或17年，显而易见，是素数起了作用。由于素数只有1和自身两个因子，它与其他数的公倍数总是特别大，比如，生殖成熟周期为2的天敌，直到它们的第十七代，即34年后才会遇到周期蝉的又一次涌现。

两位科学家的研究也证明了这一点，在17年蝉大批出现的12年后，捕食它们的鸟类的数量开始减少，最终在第17年达到最低点——正是17年蝉再次大批出现的年份。以13年蝉为食的鸟类也遵循着类似规律。科尼格说："蝉控制了鸟类的数量；它们给鸟设计了一条轨道，使下一批蝉出现时鸟类的数量大幅减少。"

素数的这种特征也被人类所发现，并有意识地应用于生产生活实践中。比如，在汽车变速箱齿轮的设计上，把相邻的两个大小齿轮的齿数设计成素数，可增加两个齿轮上特定两个齿相遇啮合次数的最小公倍数，使齿轮磨损更加均匀，增强耐用度，减少故障发生。在害虫的生物生长周期与杀虫剂使用之间的关系上，杀虫剂的素数次数的使用也得到了证明。实验表明，素数次数地使用杀虫剂是最合理的，都是在害虫繁殖的高潮期使用，而且害虫很难产生抗药性。在密码学上，所谓的公钥体制就是将想要传递的信息在编码时用一个非常大的素数作为密码进行加密，编码之后传送给收信人，只有特定的素数密钥（另一个特定的大素数）才能解密。截获密码的人若没有收信人持有的密钥，则解密的过程中（实为寻找素数的过程），将会因为找素数的计算过程过久，即使最终破译信息也会变得毫无意义。

4.2 π和e

如果说哪个数是数字界的天王，那么非圆周率 π 莫属。如果说哪个数是数字界的天后，那么当属自然数e。

每年的3月14日，是著名的 π 日，因为圆周率可以简写成3.14。3月14日还是大科学家爱因斯坦的生日，从2018年开始，这一天又多了一个含义——著名物理学家霍金的逝世纪念日。

圆周率 π 是一个常数（约等于3.141 592 654），代表圆的周长与直径的比值。π 是一个无理数，即无限不循环小数，在日常生活中，通常用3.14代表圆周率去进行近似计算，即使是要进行较精密的计算，一般用到小数点后9位小数（3.141 592 654）便足以应付。但人们对圆周率精度的探索历史悠久，到近代更发展到近乎疯狂的地步。

古埃及的《莱因德纸草书》中记载了圆周率等于分数16/9的平方，即约等于3.160 5。我国古代算书《周髀算经》中有"径一而周三"的记载，意即直接取 π 值为3。东汉张衡得出 $\frac{\pi^2}{16} \approx \frac{5}{8}$（计算 π 值约为3.162）。这些值都不太精确，直到公元263年，数学家刘徽发明了用"割圆术"计算圆周率，他先从圆内接正六边形，逐次分割一直算到圆内接正192边形。他说，"割之弥细，所失弥少，割之又割，以至于不可割，则与圆周合体而无所失矣。"这里面包含了求极限的思想。刘徽一直割圆到正1 536边形，求出了3 072边形的面积，得到令自己满意的圆周率 $\frac{3\ 927}{1\ 250} \approx 3.141\ 6$，这个值已经相当接近 π 的实际值。又过了200年，也就是南北朝时期的数学家祖冲之进一步得出精确到小数点后7位的结果，给出不足近似值3.141 592 6和过剩近似值3.141 592 7，还得到两个近似分数值，密率355/113和约率22/7。令人惋惜的是，记载祖冲之以及其子的数学成果的数学书籍《缀术》早在宋朝时就失传了，所以祖冲之到底是怎么算出 π 值的，并没有明确的记载，只有这个精确的计算结果保存在《隋书》中。

祖冲之的记录保存了近千年，直到15世纪初被阿拉伯数学家卡西超越，他求得小数点后17位精确值。此后，许多科学家耗尽毕生精力，用人力求解圆周率的精确值，一直到1948年英国的弗格森和美国的伦奇共同发表了 π 的808位小数值，成为人工计算圆周率值的最高纪录。此后，计算机的出现使 π 值计算有了突飞猛进的发展，2019年 π 日这一天，美国一家公司的工程师爱玛在该公司云平台的帮助下，计算到圆周率小数点后31.4万亿位，准确地说是31 415 926 535 897位，但这已经与精确无关，而纯粹是算力的竞争了。

记载祖冲之圆周率计算结果的《隋书》

　　有趣的是，这家公司2005年公开募股的发行数量是14 159 265股，这个明显套用 π 值的奇怪数目，彰显了该公司的科技范。顺便提一下，这家公司2004年的首次公开募股，集资额为2 718 281 828美元，这就与我们下面谈到的自然常数e有关了。

　　e也是一个数学常数，它是自然对数函数的底数，一般认为e是指"指数"一词的首字母。e的一个定义是：

$$e = \lim_{n \to \infty} \left(1 + \frac{1}{n}\right)^n$$

　　e数值约为（小数点后100位）："e ≈ 2.718 281 828 459 045 235 360 287 471 352 662 497 757 247 093 699 959 574 966 967 627 724 076 630 353 547 594 571 382 178 525 166 427 4"。

e也是个无限不循环小数，这一点就显得格外"自然"。那么，这么神奇的e，到底有什么物理含义呢？为什么叫作"自然"数？简单说来，e就是增长的极限。

下面这个例子就是对e直观含义的极好诠释：

首先，假设某种类的一群单细胞生物每24小时全部分裂一次。在不考虑死亡与变异等情况下，很显然，这群单细胞生物的总数量每天都会增加一倍，即细胞总数量可以增至原数量的2倍，据此我们可以写出它的增量公式：

$$growth = 2^x$$

其中，x表示天数。

这个式子可以改写成：

$$growth = (1+100\%)^x$$

其中，1表示原有数量，100%表示单位时间内（24小时）的增长率。

但是根据细胞生物学，每过12小时，也就是分裂进行到一半的时候，平均会新产生原数量一半的新细胞，新产生的细胞在之后的12小时内已经在分裂了。

所以可以把一天24小时看作两个阶段，每一个阶段的细胞数量都在前一个阶段的基础上增长50%，我们得到下面的式子：

$$growth = \left(1+\frac{100\%}{2}\right)^2 = 2.25$$

即在一个单位时间内，这些细胞的数量一共可以增至原数量的2.25倍，这个要比开始计算的2倍那个数大一些。

继续这样思考，倘若这种细胞每过8小时就可以产生平均1/3的新细胞，新生细胞立即具备独立分裂的能力，那就可以将1天分成3个阶段，在一天时间内细胞的总数会增至：

$$growth = \left(1+\frac{100\%}{3}\right)^3 = 2.370\ 37\cdots$$

即最后细胞数扩大为2.37倍，比上面计算的值又大了一点儿。

能够继续增大下去吗？

　　假设这种分裂现象是不间断、连续的，每分每秒产生的新细胞，都会立即和母体一样继续分裂，一个单位时间（24小时）最多可以得到多少个细胞呢？答案是：

$$growth = \lim_{n\to\infty}\left(1+\frac{100\%}{n}\right)^n = 2.718\ 281\ 828\cdots$$

　　我们已经从这个公式里看到了自然数的影子，这就是 $e = \lim_{n\to\infty}\left(1+\frac{1}{x}\right)^x$ 这个定义的含义。也就是说，如果增长率为100%保持不变，不管细胞分裂速度有多快，在单位时间内细胞种群最多只能扩大约2.718 28倍。

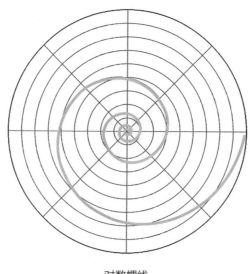

对数螺线

　　这个值是自然增长的极限，它的含义是单位时间内，持续的翻倍增长所能达到的极限值。这背后其实是宇宙中的某种"自然规律"，因此，e完全担得起"自然数"这个名号。

　　e其实广泛存在于自然界中，有一种e的特殊表现形式——对数螺线就是自然界常见的螺线，又称为"生长螺线"，在极坐标系（r,θ）中，

028

这个曲线可以表示为：

$r = ae^{b\theta}$，其中 e 是自然常数，a、b 是常系数，θ 是点与极轴的夹角。

这个曲线画出来如上图这样，螺线和射线的夹角始终是一个固定夹角，所以又称为等角螺线。

宇宙中到处都是对数螺线的身影。鹦鹉螺的贝壳像等角螺线，向日葵的种子排列呈等角螺线，鹰以等角螺线的方式接近它们的猎物，昆虫以等角螺线的方式接近光源，蜘蛛网的构造与等角螺线相似，旋涡星系的旋臂差不多是等角螺线，台风的外观像等角螺线……

不仅生长与 e 有关，衰变也与 e 有关。1896 年，法国科学家贝克勒尔在研究铀盐的实验中，首先发现了铀原子核的天然放射性。原子核内的核子（质子和中子）多了，它就会变得不稳定，就有可能向更稳定的状态转变，比如，通过放射出粒子及能量后可变得较为稳定，这个过程就是所谓的"衰变"。

放射性元素在衰变过程中，原子核的核子数目会逐渐减少，有半数原子核发生衰变时所需的时间称为该元素的半衰期。每种放射性元素都有其特定的半衰期，从几微秒到几百万年不等。

对单个原子来讲，衰变是一个随机现象，发生衰变的精确时刻无法预知，衰变有可能在下一秒就发生，也有可能几亿年后才发生。但作为一个整体，元素衰变的规律十分明确，放射性元素的半衰期描述的就是这样的统计规律。

一个原子核在衰变前存在的时间叫作它的寿命，科学家发现，把一堆同种放射性元素任意分成几组，对每组原子测量平均寿命，会发现得到的结果是一样的，也就是说放射性元素的平均寿命是一样的。对于同一种核素，单个原子核衰变的概率都是一样的。假设单个放射性原子核的平均寿命为 τ，从这个原子核新生开始的一段时间（Δt）内，其衰变的概率可以简略理解为 Δt 与 τ 的比率。换一个角度来看，对一群新生的放射性原子核来讲，这个概率也可以理解为从新生开始某一段时间内衰变掉的原子数目（Δn）占初始总原子数（N_0）的比率。由此可以推导出原子衰变的公式：

$$N = N_0 e^{-t/\tau}$$

其中，N_0是初始原子核数目，N是经过t时后还保留的原子核数目。也就是说，衰变原子的数目按照e的指数规律随时间变化，而随着放射的不断进行，原子的放射强度会按照指数曲线下降。

那么，什么时候达到半衰期呢？根据定义，半衰期代表原子核数只剩$N_0/2$所需要的时间，假设我们记这个时间为$t_{半}$，那么很容易可以算出：$t_{半} = \tau \ln 2 \approx 0.69\tau$，所以半衰期并不等于原子平均寿命的一半。

1885年，德国心理学家艾宾浩斯研究发现，遗忘在学习之后立即开始，而且遗忘的进程并不是均匀的，最初遗忘速度很快，以后逐渐缓慢。他认为"保持和遗忘是时间的函数"，他选用了一些没有意义的音节、毫无规律的字母组合作为记忆材料，计算保持和遗忘的数量和频度，并根据他的实验结果绘成描述遗忘进程的曲线，即著名的艾宾浩斯记忆遗忘曲线。

波兰的科学家进一步研究得出，遗忘曲线描述了记忆的概率随时间下降的趋势：

$$R = e^{(-t/S)}$$

其中，R代表记忆召回概率（记忆的可检索性），S代表记忆痕迹的强度（记忆的稳定性），t代表时间。

干扰是遗忘的主要原因，并解释了它的指数性质。由于记忆干扰的天然随机性，遗忘也是一个指数过程。所谓干扰主要发生在神经网络中新记忆覆盖旧记忆的过程，即所谓追溯干扰。与此同时，如果旧记忆稳定性高，干扰也会造成新记忆形成的困难，称为主动干扰。不同稳定性的遗忘率的叠加会使遗忘过程遵循幂律。换句话说，真实的遗忘曲线是由不同复杂度的记忆混合在一起的，形状与艾宾浩斯在1885年发现的记忆遗忘曲线比较相似。

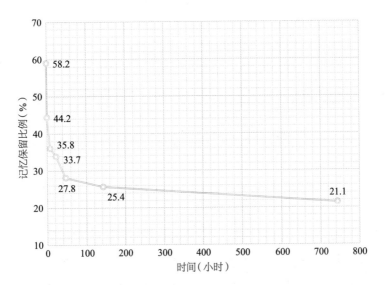

艾宾浩斯记忆遗忘曲线

自然常数 e 有很多应用，比如，以 e 为底数的对数 $\ln x (x > 0)$，就特别常用，许多式子都能得到简化，因为用它是最"自然"的，所以叫"自然对数"，相对来说，以 10 为底数的对数反而不太常用。

4.3 梅森数和最大的数

人们总是对一些极端的事物充满了好奇，比如最大的数。数据可以无限增大，因为给你任何一个数，你只要加上 1 就比它还大那么一点点儿。但我们总得能说出一个数，这个数巨大无比。

有一个数很有意思，叫作梅森数。17 世纪，法国著名数学家梅森曾对"2^p-1"型素数做过较为系统而深入的探究，数学界就将"2^p-1"型的素数称为"梅森素数"，其余的数称为梅森合数。

梅森提出了著名的"梅森猜想"：$p = 2, 3, 5, 7, 13, 17, 19, 31, 67, 127, 257$ 时，2^p-1 是素数；而 P 为其他所有小于 257 的数时，2^p-1 是合数。

在梅森所处的时代，即使验证 $2^{257}-1$ 这样的运算都是不可能的，因此当时还只是一个猜想（直到 1927 年，M257 才被证明不是素数）。现代科学家运用计算机可以轻易地验证前面的一些比较小的梅森素数，这又带来一个新的问题，最大的梅森素数是什么？梅森素数优美而稀少，如同钻石，而且越往后越稀疏。由于判断是否为梅森素数是一个指数运算问题，计算量异常浩大，寻找新的梅森素数成为数学界的一个趣题。

美国密苏里大学数学家库珀领导的研究小组通过组织一个名为"互联网梅森素数大搜索"的项目来寻找新的梅森素数，这是全世界第一个基于互联网的分布式计算项目。1995 年年底到 1996 年年初，乔治·沃特曼编制了一个梅森素数计算程序，并把它放在项目网站上供数学家和数学爱好者免费使用。该算法采取分布式计算方式，利用大量普通计算机的闲置计算资源来获得相当于超级计算机的运算能力，并使用软件来寻找梅森素数。然而，即便得到了全球数学爱好者的响应，也需要平均两到三年才能找到一个新的梅森素数。

2018 年 12 月 21 日，又一个激动人心的日子来了，研究小组宣布，来自佛罗里达的志愿者于 2018 年 12 月 7 日发现了第 51 个梅森素数 M82 589 933，这个大素数通过 82 589 933 个 2 相乘再减 1 得到，即 $2^{82\,589\,933}-1$，位数长达 24 862 048 位，这是迄今人类已知的最大素数。迄今（2022 年 9 月）距离第 51 个梅森素数被发现已经过去了近 4 年，按照梅森数发现的时间轨迹推测，第 52 个梅森素数的发现也指日可待了。

如果说梅森素数还有点儿数学味道，其他一些数就纯粹是臆想了。古戈尔，这也是个数的名字，表示 1 的后面有 100 个零，即 10 的 100 次方，这个单词是在 1938 年由美国数学家爱德华·卡斯纳 9 岁的侄子米尔顿·西罗蒂创造出来的。卡斯纳在他的《数学与想象》一书中写下了这一概念。古戈尔应该够大的了，不过马上就可以想到，1 的后面如果有古戈尔个零，即 10^{googol}，这个数应该更大，它被称为 googolplex。再大的数肯定还可以造出来，但已经没有意义了，因为宇宙中所有基本粒子（以目前人类理解的"宇宙"以及"基本粒子"的定义范畴看待），据推测总共约有10的80次方个，用每秒运算10亿次的电子计算机，假定它从宇宙大爆炸时（距今约137亿年）就开始运算，其运算总次数也不超过10的100次方次。所以，古戈尔就是可用的最大的数了，相传谷歌公司（Google）的名字就是据此而来。

第二章
数据伴随文明而生

一旦发明了数字，就有了数据的积累。人类原始计量萌生于当时的实践活动，由于生产力水平的提高和生产剩余物资的出现，人类自身的生产发展得到了相对充足的物质保障，原始部落里的经济关系随之复杂起来。这时单凭头脑计数、记事以及默算已无法组织生产活动与合理地分配、储备物品。客观现实迫使人们不得不在头脑之外的自然界去寻找帮助进行记事的载体，以及进行计量、记录的方法，并把一些重要的数据记录下来。我国山西峙峪人遗址中曾经发现几百件有刻纹的骨片，历史学家认为那可能是用来表示数目的。

峙峪人遗址骨刻图片

1. 数据的定义

从"数"到"数据"，一字之差，其实意义却有差异。数字（digit）或者数量（number）是一个用于计数、度量和标记的数学客体，最原始的例子就是原始人数了数猎物，然后向部落首领汇报说今天打了3头野猪。

而数据则是对事物的定量的观察或者记录的结果，表示的是事物的一种自然属性。比如说，自己部落里有29个人，敌人部落里有50多个人，首领就能根据这两个数字判断和对方打上一架胜算几何。然而，数据又是从数发展而来的，人们学会了计数，才有可能建立数据的概念，才有可能记录和保存数据。到了数字时代，图像、声音、视频等新的数据形式极大丰富了数据的内容。

从词源学上说，数据来源于拉丁文dare，意指给予。表示数据的单词data是单词datum的复数形式，不管是单数、复数还是一组数，数据都是客观事物的一种表示，是定性或定量变量的一组值。从这个意义上来说，数据是通过测量或记录等不同方式从现象中抽象出来的原始元素。数据是事实或观察的结果，是对客观事物的逻辑归纳，是用于表示客观事物的未经加工的原始素材。

人们想知道精确的数据，源于人的好奇心，也是出于精确比较的需要。比如"曹冲称象"的故事，其实就是因为曹冲对大象这种动物体重的好奇，知道了具体数字，对这种新奇的动物就能有个比较完整的概念了。

数据从测量而来，经过收集、报告和分析，然后使用图形、图像或其他分析工具对数据进行可视化展现。这些数据的概念还处于狭义的"数值"的范畴，通常与统计、计算或者科学研究相关。进入信息时代，数据又特指需要运用计算机加工处理的对象。早期的计算机主要用于科学计算，故其加工的对象主要还是表示数值的数字，故名计算机。现代计算机的应用越来越广，能加工处理的对象包括数字、文字、字母、符号、文件、图像等，数据的种类也变得复杂起来。数据可以是连续的值，比如，声音、图像，这种数据称为模拟数据，也可以是离散的值，如符号、文字，这种数据称为数字数据。

如今，数据的来源也相当复杂，企业家关心公司的销售、收入、利润、成本、股票价格等数据，政府关心管辖区域的犯罪率、失业率、人口数量等数据，各行各业都在收集或生产数据。今天，甚至每个人的手机上都无时无刻不在感知和接收地理位置数据、天气数据、交通数据、股票数据、社交网络消息数据等。整个社会和每个个体都被淹没在数据的海洋中。

任何一笔数据都是宝贵的，但在历史长河中，只有为数不多的数据被保存下来。大数据时代，数据的价值得到了充分的重视，数据被称为数字经济时代的"新石油"。

2. 泥板和简牍上的数据

19世纪上半叶，考古学家在美索不达米亚平原挖掘出大约50万块刻有楔形文字、跨越古巴比伦历史许多时期的泥板书，其中有近400块被鉴定为记载数字表格和数学问题的数学板书，这说明伴随着古巴比伦文明的进步，在那时，数学已经有了相当成熟的发展。

古巴比伦的数学主要用于解决各类具体问题，从这些存世的数学泥板书中，人们发现了古巴比伦人使用的乘法表、倒数表、平方和立方表、平方根和立方根表。美国耶鲁大学收藏的一块编号为7289的古巴比伦泥板书上，载有$\sqrt{2}$的近似值，用现代阿拉伯数字表示就是1.414 213，已经相当精确，这说明当时的人们已经能够非常精确地处理数据。

古埃及人也创造了灿烂的文明，他们用盛产于尼罗河三角洲的纸草，压平晒干以供书写，称为纸草书。19世纪，在埃及拉美西斯神庙附近的一座小建筑物的废墟中发现了一卷纸草书，为英国人莱茵德所购得，故被命名为《莱因德纸草书》，之后，《莱因德纸草书》被遗赠给了伦敦大英博物馆。全书分成三部分，即算术、几何、杂题，共有85题。尽管只是传授"数"的概念和分数计算，但是却记载着古埃及人在生产、生活中遇到的实际问题。如对劳动者酬金的分配、面积和体积的计算、不同谷物量的换算等，说明古埃及已经有大量的数据计算问题。

耶鲁大学馆藏 7289 号古巴比伦泥板书

注：这块泥板上中间一行用楔形文字表示了 4 个数字 1,24,51,10，这四个数字其实
是六十进制数据，表示的是 $1 + 24/60 + 51/60^2 + 10/60^3 = 1.414\ 212\ 96\cdots$

莱因德纸草书（局部）

早在四五千年前，古埃及人就知道了如何掌握尼罗河发洪水的规律
和利用两岸肥沃的土地。尼罗河洪水泛滥，不但不会淹没两岸的村庄，
反而会给土地灌透水。而且河水还会把从上游带来的大量矿物质和有机
质留在土地上，大量沉积在尼罗河中下游两岸的田野里，形成了肥沃的
土壤。大水过后，法老要重新分配土地，长期积累起来的土地测量知识
为王国施政提供了保障。古埃及新王国第 20 王朝时期编制的《维勒布尔
纸草》，记载了对当时中部埃及地区进行土地丈量的清单，详细记有各

地块的主人、面积，租种者的姓名、身份、数量以及应纳租税的数额。同样是编制于古埃及新王国第20王朝时期的《哈里斯大纸草》长达40.5米，是迄今所知传世最长的纸草卷，里面记载了拉美西斯三世赠送给各神庙全部财产。这些详细记载了数据的纸草文献已经成为研究古埃及经济史的重要资料。

简牍是我国古代先民在纸张发明之前书写典籍、文书等文字载体的主要材料，是我国最古老的图书之一。相对于纸张和绢帛，简牍比较容易被保存下来，因此自古都是考古中的重要发现，比如，著名的"鲁壁藏书""汲冢书"等都是简牍，但因为发现得早，现在也已经见不到了。所幸近现代以来，我国又陆续出土了一批秦汉时期的简牍，内容包罗万象，包括大量的数据记载。

2.1　居延汉简

> 单车欲问边，属国过居延。
>
> 征蓬出汉塞，归雁入胡天。
>
> 大漠孤烟直，长河落日圆。
>
> 萧关逢候骑，都护在燕然。
>
> ——王维《使至塞上》

王维的这首著名古诗，寥寥几笔，勾勒出塞上荒凉寥廓的景色，"大漠孤烟直，长河落日圆"更是千古名句。而其中的居延、萧关、燕然3个地名则随着这首诗的流传而自带沧桑感。居延，则是指居延海，汉时称居延泽，唐时称居延海，古时居延海一带水草丰美，是汉朝出击匈奴的前沿阵地，今位于内蒙古自治区额济纳旗一带。

居延因其重要的地理位置，是当时边塞的中心地区，汉武帝时设有都尉，归张掖郡太守管辖，不仅筑城设防，还移民屯田、兴修水利、耕作备战，戍卒和移民共同屯垦戍边，持续繁荣了200多年，而后又尘封千载。

1930年，瑞典学者F. 贝格曼首先在居延长城烽燧遗址发掘出汉代木简，随后我国科考队对汉代烽燧遗址进行调查挖掘，出土简牍一万余枚，这批汉简现存于我国台湾省的台北市。1972年至1976年，我国考古队又在居延地区开展了全面、深入的发掘，出土19 637枚简牍，其中有纪年的汉简就达1 222枚，由于发掘方法得当，这次发掘的简牍不但数量多，而且比较完整，成册的较多，有的出土时就连缀成册，有的编绳虽腐朽了但仍然保持册形，有的散落近处可合为一册，这为简牍研究提供了极大的方便和准确性。另外，这些简牍多数有纪年，内容连贯。

人们习惯将20世纪30年代出土的称为旧简，70年代出土的称为新简，居延汉简中新简、旧简共有3万多枚。综览居延汉简，内容广泛，涉及政治、经济、军事和科学文化等，很多记载有准确的数据。其中关于农垦屯田的记载，在居延汉简中占有较大比例，出现了很多诸如粮价、定量等方面的数据记载。例如，简文"胡豆四石七斗"。还有戍卒领取口粮的简文，"执胡燧长吴宗，粟三石三斗三升少，自取。侯史刑延寿，粟三石三斗三升少，自取。卒柳士，三石二斗二升少，自取。卒杨汤，三石二斗二升少，自取。卒李何伤，三石二斗二升少，自取。侯史延寿，马食粟五石八斗，卒汤取。"这篇简文提到了5个人：燧长吴宗、戍卒刑延寿、柳士、杨汤、李何伤，还有杨汤为刑延寿的马代领，这些精确的数字对我们理解汉代军队的给养消耗很有帮助。

1974年在甲渠侯官遗址出土了被称作居延"防务警备令"的《塞上烽火品约》木简17枚。"品约"是汉代的一种文书形式，用于同级衙署之间签订或互相往来的文书。《塞上烽火品约》是居延都尉下属的殄北、甲渠、三十三井这3个要塞共同订立的临敌报警、燔举烽火、进守呼应、请求驰援的联防公约。例如，第十四条："匈奴人即入塞，千骑以上，举烽，燔二积薪；其攻亭鄣坞，□□□举烽，燔二积薪，和如品。"意思是，如果匈奴来犯，不满千骑，只烧一积薪；超过一千人，烧二积薪；两千人以上，烧三积薪。精确的数字清晰地为2 000年后的我们描述了当年烽火台如何以火势大小传递来敌之数。

《建武三年居延都尉吏奉例》，记载了窦融任河西五郡大将军期间颁发的居延官吏俸禄，文中载有"居延都尉，奉谷月六十石""居延都尉丞，奉谷月卅石""居延令，奉谷月卅石"等内容。都尉每月工资60石粮食，都尉丞每月30石，县令每月30石，三级官员的俸禄记录得清清楚楚。

2.2 走马楼三国吴简

无独有偶，1996年7月至11月，在湖南省长沙市中心五一广场东侧走马楼基建工地内的22号古井中，也出土了数量巨大的简牍，其属于三国东吴时期，大致可分为木简、木牍、竹简三类，其中竹简数量最多，估计超过了10万枚，文字多达200余万字。这批简牍的内容十分丰富，向我们展示了不少原来从未知晓的有关三国时期吴国的历史资料，从已经释读的部分来看，主要是长沙郡与临湘侯国（县）的地方文书档案，包括嘉禾吏民田家莂、司法文书、黄簿民籍、名刺、纳税、各种赋税与出入仓库的簿籍等。

这批简牍中也出现了大量关于"数量"的记载，于1999年整理完毕的《长沙走马楼三国吴简·竹简（壹）》的文书内容是有关吴国的黄簿民籍以及收支钱粮赋税等情况，了解它们对研究当时的社会经济状况大有裨益。

2.3 里耶秦简

公元前200年，在大秦帝国大厦将倾的一个月黑风高的夜晚，湘西龙山县里耶古城突然受到攻击。城破之前，官员匆匆把大量档案，包括能长期保存的简牍抛进水井。

22个世纪后，这批简牍成为不朽的国宝。2002年6月，因水利工程而进行的抢救性发掘中，在里耶镇一号古水井中出土3万多枚秦简，相比我国历代积累的6 000多枚秦简，堪称奇迹。

这些简牍直接或间接地描述了秦朝统一六国后的军事、政治、经济、文化领域中，与百姓紧密联系的一些大小事件的细节。比如，关于当时的户口数目，现代人很难有准确的概念，秦简却有明确的记载。迁陵县下辖都乡、启陵乡、贰春乡3个乡，由简可知秦始皇三十二年迁陵县登记在册的户口有55 534户，秦始皇三十五年贰春乡有户口21 300多户。统一战争结束不久的南方山地，一个县或乡的户口如此之多，可以说是出人意料。作为政府档案，秦简记载是可靠的，秦始皇三十二年的迁陵县有5万多户人家，应是确凿无疑的事实。

这些秦简中，还有2 000多年前的乘法口诀"六八四十八、七八五十六"等，是我国目前发现最早、最完整的乘法口诀表实物，说明早在秦朝，中国人就已熟练掌握乘法交换律，并将其用于社会生活所需的各种计数中。这枚珍贵的竹简已经登上了号称"国家名片"的邮票。

《里耶秦简》九九乘法口诀简（邮票）

2.4 张家山汉简《算数书》

最有数学价值的是这样一部汉简——《算数书》。这是一部失传已久的珍贵文献。《算数书》比著名的《九章算术》还要早一个半世纪以上，内容也和《九章算术》类似，采用问题集的形式，由一个个算题及其解答组成。《算数书》中的许多算题都贴近实际应用，其中所用的数据虽然未必完全精确，却也应该符合当时的常识性认识，所以仍然可以看作对汉代初期经济活动的记载，对研究汉初社会经济状况具有极高的史料价值。这里我们摘录文献中提到的几个有趣的例子。

关于古代的物价，《算数书》说："今有盐一石四斗五升少半升，买取钱百五十欲石率之，为钱几何？"答："百三钱四百三十六分钱九十五。"这里是说一石食盐的价格是一百零三钱四百三十六分钱九十五，古代一石等于十斗，一斗等于十升，也就是一斗盐价格为十钱左右。再来看看米价，《算数书》中也有记载："粺米二斗三钱，粝米三斗二钱。今有粝、粺十斗，卖得十三钱，问粝、粺各几何？"答："粺七斗五分三，粝二斗五分二。"又写道："米斗一钱三分钱二，黍斗一钱半钱。"这里明确地告诉我们，即使是在 2 000 年前的汉初，不同等级的米的价格差别也是很大的，显然精细的粺米比粗糙的粝米要贵了不少。而当时的盐价大约相当于最好的粺米米价的六倍多，可见当时的盐来之不易。

《算数书》还记载了当时的合伙经营制度（股份制）："三人共买材，以贾（价）一人出五钱，一人出三钱、一人出二钱。今有赢（盈）四钱，欲以钱数衰分之。出五钱者得二钱，出三者得一钱五分钱一，出二者得五分钱四。"亲兄弟，明算账，算得很准确。还有关于贷款利息的计算问题："贷钱百，息月三。今贷六十钱，月未盈十六日归，计息几何？"答："廿五分钱廿四。"这里不光有贷款利息（"息月三"），居然还有提前还款的事情（"月未盈十六日归"），这说明汉朝初年的经济运作模式已经相当发达了。

这些尘封在地下的简牍，其作者可能仅是当时身份卑微的会计、簿记员等小吏，却不经意间用数据给后人留下了历史最真实的一面。

3. 从算术到数学

算术是数学中最古老、最基础和最初等的部分，它研究数的性质及其运算。古人把数和数的性质、数和数之间的四则运算在应用过程中的经验累积起来，并加以整理，就形成了最古老的一门数学——算术。

"算术"这个词，在我国古代是全部数学的统称。唐代国子监内设立算学馆，置博士、助教指导学生学习数学，唐高宗显庆元年，规定《周髀算经》《九章算术》《孙子算经》《五曹算经》《夏侯阳算经》《张丘建算经》《海岛算经》《五经算术》《缀术》《缉古算经》等从汉朝到唐朝一千多年间的十部著名数学著作为国家最高学府的算学教科书，用以进行数学教育和考试，后世统称为"算经十书"。

- 《周髀算经》

这十部算书中，以《周髀算经》为最早。《周髀算经》原名《周髀》，是中国最古老的天文学和数学著作，约成书于公元前1世纪，但不知道它的作者是谁。《周髀算经》主要阐明当时的盖天说和四分历法，采用最简便可行的方法确定天文历法，揭示日月星辰的运行规律，囊括四季更替，气候变化，包含南北有极、昼夜相推的道理。

《周髀算经》第一部分为商高问答，曾经作为《周髀算经》的独立部分，其完成时间应该在西周初期，约公元前11世纪，其中介绍了勾股定理及其在测量上的应用以及如何应用于天文计算。不过，书中没有对勾股定理进行证明，其证明是三国时东吴人赵爽在《周髀注》一书的

《勾股圆方图注》中给出的。

● 《九章算术》

《九章算术》是十部算书中最重要的一部。它对古代数学发展产生了深远影响，此后的一千多年间被直接用作数学教育的教科书。也不知道《九章算术》的确切作者是谁，目前只知道西汉早期著名数学家张苍、耿寿昌等人都对它进行过增订删补，可以说《九章算术》是在长时期里经过多次修改逐渐形成的，可能其中的某些算法早在西汉之前就已经有了。

《九章算术》记载了当时世界上最先进的分数四则运算和比例算法。书中还记载了解决各种面积和体积问题的算法以及利用勾股定理进行测量的各种问题。《九章算术》最重要的成就是在代数方面，书中记载了开平方和开立方的方法，并且在这个基础上有了一般一元二次方程的解法。联立一次方程的解法，已经与现今中学里所讲的方法基本一致了，这要比欧洲同类算法早了 1 500 多年。在同一章中，还在世界数学史上第一次记载了负数的概念和正负数的加减法运算法则。

《九章算术》建立了中国古代数学的框架，突出了以应用计算为中心，密切联系实际，以解决人们生产、生活中的数学问题为目的的风格。其影响之深，以致以后中国数学著作大体采取两种形式：或为之做注，或仿其体例著述。甚至在西算传入中国之后，人们著书立说时还常常把包括西算在内的数学知识纳入九章的框架。

然而，《九章算术》也有其不容忽视的缺点，那就是没有记载任何数学概念的定义，也没有给出任何推导和证明过程。一直到了魏景元四年刘徽给《九章算术》做注，才弥补了这个缺陷。

● 《孙子算经》

《孙子算经》约成书于公元四五世纪，作者生平和编写年代都不清楚。

现在传世的《孙子算经》共3卷。上卷主要讨论了度量衡的单位和筹算的制度和方法，包括圆周率约等于三（周三径一）、$\sqrt{2}$约等于1.4（方五斜七）等一些基本常数；中卷主要是关于分数的应用题，包括面积、体积、等比数列等计算题；下卷"鸡兔同笼""物不知数"等著名算题，对后世的影响深远。

- 《五曹算经》

《五曹算经》是一部为地方行政人员所写的应用算术书，作者不详，有人认为其作者是甄鸾。欧阳修《新唐书》卷五十九《艺文志》有："甄鸾《五曹算经》五卷"，其他各书也有类似的记载。

全书共收录67个问题。分为田曹、兵曹、集曹、仓曹、金曹5个项目，所以称为"五曹"算经。所讲问题的解法浅显易懂，数字计算尽可能地避免分数。

- 《夏侯阳算经》

《夏侯阳算经》估计是北魏时代的作品，原书已失传。北宋元丰九年所刻《夏侯阳算经》是唐中叶的一部算书，引用当时流行的乘除捷法，解答日常生活中的应用问题，保存了很多数学史料。书中概括地叙述了乘除速算法则、分数法则，解释了"法除""步除""约除""开平方""方立"等法则。另外推广了十进小数的应用，计算结果有奇零时借用分、厘、毫、丝等长度单位名称表示文以下的十进小数。

- 《张丘建算经》

《张丘建算经》的作者是张丘建，大约写作于5世纪后期，讨论了等差级数、最大公约数、最小公倍数等应用问题。卷下最后一题是著名的百鸡问题："今有鸡翁一，直钱五，鸡母一直钱三，鸡雏三直钱一，凡百钱买鸡百只，问鸡翁鸡母鸡雏各几何？"这是中国数学史上最早出现的不定方程问题。自张丘建以后，中国数学家对百鸡问题的研究不断深入，百鸡问题也几乎成了不定方程的代名词，从宋代到清代，围绕百鸡问题的数学研究取得了很高的成就。

- 《海岛算经》

《海岛算经》是三国时期刘徽所著。这部书中讲述的都是利用标杆进行两次、三次，最复杂时进行四次测量来解决各种测量数学的问题。这些测量数学，正是中国古代非常先进的地图学的数学基础。此外，刘徽对《九章算术》所做的注释也是很有名的。一般来说，可以把这些注释看成《九章算术》中若干算法的数学证明。刘徽注中的"割圆术"开创了中国古代圆周率计算方面的重要方法，他还首次把极限概念应用于解决数学问题。

- 《五经算术》

《五经算术》由北周甄鸾所著，共两卷。书中对《易经》《诗经》《尚书》《周礼》《仪礼》《礼记》《论语》《左传》等儒家经典及其古注中与数字有关的地方详加注释，对研究经学的人或可有一定的帮助，但就数学的内容而言，其价值有限。

- 《缀术》

《缀术》是南北朝时期著名数学家祖冲之的著作。很可惜，这部书在唐宋之际即公元10世纪前后失传了。宋代刊刻"算经十书"的时候就用当时找到的另一部算书《数术记遗》来充数。

- 《缉古算经》

《缉古算经》的作者是王孝通。唐武德八年五月，王孝通所撰《缉古算经》在长安成书，这是中国现存最早的解三次方程的著作。全书一卷共20题。第一题为推求月球赤纬度数，属于天文历法方面的计算问题，第2题至14题是修造观象台、修筑堤坝、开挖沟渠以及建造仓廪和地窖等土木工程和水利工程的施工计算问题，第15题至20题是勾股问题。这些问题反映了当时开凿运河、修筑长城和大规模城市建设等土木和水利工程施工计算中的实际需要。

● 《数术记遗》

《数术记遗》是东汉时期徐岳编撰的一本数学专著。《数术记遗》以问答的形式著录了14种古算法，第一种叫"积算"，就是当时通用的筹算。还有太乙算、两仪算、三才算、五行算、八卦算、九宫算、运筹算、了知算、成数算、把头算、龟算、珠算、计数等算法。除第14种"计数"为心算，无须算具外，其余13种均有计算工具，但除珠算沿用至今外，其他算具均已失传。也就是在这部书中，徐岳在中国也是在世界历史上第一次记载了算盘的样式，并第一次用珠算命名。

上述著作均定名为"算术"而不是"数学"，其实不仅仅是名字的差异，更反映了古代东西方对数学认知的不同理念。算术看重的是如何解决实际的计算问题，包括计算方法、计算速度和准确度等，对数学的本质探讨，则基本忽略。而数学看重数学对象之间的关系，并采用严谨、系统、整体性的思维去分析数学问题，注重证明、结构性、关联性、集合性和抽象性。

不只是古代中国，考古学家通过考古发现古巴伦人是具有高度计算技巧的计算家，其计算是借助乘法表、倒数表、平方表、立方表等数表来实现的。他们在几何测量中积累了大量观察和经验结果，并将其用于生产、生活实践，但也还没有发展到理论高度。

实际上，中国的数学基础教育中，长期讲的是"算术"，清光绪二十九年颁布《奏定学堂章程》，规定小学各年级均设算术科，并有教科书供学生使用。1950年7月，教育部制定了《小学课程暂行标准（草案）》，其中的《小学算术课程暂行标准（草案）》规定了小学算术的培养目标，5个学年的笔算和珠算内容以及教学要点，当时小学的数学课本就叫"算术"。把小学数学教材的名称从"算术"两个字改成"数学"两个字，那是1978年改革开放以后的事情了。

改革开放前的小学算术课本

第三章
数据规范国家治理

古人记录数字并不是闲得无聊，而是要用于管理社会和国家，山东省嘉祥县武梁祠西壁的伏羲图，人首蛇身的伏羲和女娲尾巴缠在一起，伏羲拿着矩尺，女娲拿着圆规，旁边还刻着一行字："伏羲仓精，初造王业，画卦结绳，以理海内"，意思是伏羲氏在做部落首领时，借助八卦及结绳计数、勒石记事等方法管理部落事务。这其实与今天的会计记账手段已经有很大的相似性了。

1. 书契治国

原始社会末期，随着父系氏族社会经济的进一步发展，人们在生产实践中逐渐发现，简单刻记与结绳计数的方法已不能适应社会经济发展的需要，便逐步摸索创造出一种新的方法来代替它们，这便是"书契"记录方法。先秦时代的《周易·系辞下》中说："上古结绳而治。后世圣人易之以书契。"书契可以理解为有契约性质的文书，也就是严格记载的文字数据资料。有了书契，官员能够规范治理，百姓能够量化观察，标志着社会进入了数据管理的时代。

古埃及《莱丁纸草》记载了埃及中王国末期官吏向农民逼交租税的情况："王家的官吏盘腿坐于席上，面前摆着纸草卷，一个个农民都来交税算账。一些箱子里放着征税表格，上面填着农民的姓名、土地数量、牲畜头数……，另一些箱子里放着农民欠债的表格……"这些纸草卷也可以看作书契，说明当时的埃及王国也已经开始用数据管理国家。

书契的一个重要作用是记账。伴随着文字的出现，人类社会开始进入文字叙述式（也称叙事式）会计记录方法阶段，并已体现出我国单式记账法的基本特征。这个阶段，人们对账目的记录还没有形成统一的规定，只能采用一般的行文方式把每笔账目的基本情节记录下来，用字较多，语句冗长，叙事力尽其详而不顾及简练，因此会计史研究者将其称为叙述式会计记录。文字叙述式会计记录法是世界各国都曾运用过的一种方法。

随着国家的出现和发展，国家经济和财政越来越复杂，由中央政权和各级地方政权组织进行的以国家的财产物资和经济活动为对象的记录和会计工作逐渐成为国家治理中的重要组成部分，我们国家称为"官厅会计"。

在这个过程中，记账过程越来越严谨，逐渐形成了一批记账规范，使记录的数据也越来越精确。《周礼》一书中，所有贡赋的征收统称为"入"，而各种费用的开支则统称为"出"。"入"与"出"这两个动词成为当时人们处理经济收支事项、谈论王朝经济的规范用词，说明当时已经有专门的会计部门对王朝经济收支事项进行处理，围绕着日常财政事务进行会计核算。

秦国通过著名的商鞅变法奠定了国家强大的基础，商鞅变法的理论基础体现在商鞅及其后学的著作《商君书》中，其中竟有很完整的数据管理思想。《商君书·去强》一篇中提到："强国知十三数：竟内仓、口之数，壮男、壮女之数，老、弱之数，官、士之数，以言说取食者之数，利民之数，马、牛、刍藁之数。欲强国，不知国十三数，地虽利，民虽众，国愈弱至削。"这里所说的"国十三数"，言简意赅，说明国家强盛的根本在于不但要了解粮仓数目、人口数量、马牛草料数量，还要知道人口中的壮男、壮女、老人、儿童数量以及官员、游士、说客、商人等不从事生产的人口数量。收集了这些数据，执政者方能对国家物力和生产能力做出准确判断。

春秋战国时期是我国古代会计记录方法的变革时代，是从文字叙述式的会计记录转变到定式简明会计记录的过渡时期。所谓定式简明会计记录，就是运用一种既比较科学又比较简要的记录方法所进行的会计记录。那时候，纸还没有发明，大量的账务被记录在简牍上，由于记账格式的规范化和简明化，一笔经济收支记录一般可用一枚简牍刻录完毕，多则两枚简牍，对经济收支事项的记录可以做到更加系统和细致。近年来，大量出土的汉简，通过翔实的实物向我们展现了古代一笔笔细致有趣的账务，使后人可以通过数据观察当时社会发展的真实情况。

　　从《居延汉简》等文物中保留下来的会计记录可以看出，当时官方对会计记录的格式，可能已做出了统一规定。在不同地方、不同财计部门和不同的会计人员所记录的会计账簿中，所用的会计符号、记录的内容、在每笔会计记录中各部分的摆列顺序以及整个会计账簿记录的组合规定等，基本上是一致的。

（九八〇A）　　　（九八〇B）

《居延汉简》释文

　　"九八〇A"和"九八〇B"是《居延汉简》中同一枚简牍的正反两

面，其文字内容源于中国科学院考古研究所编辑的《居延汉简》释文。它比较全面地反映了当时会计账簿登记方法的全貌，表现了西汉官厅会计账簿记录的实际情况，是汉简中难得的典型实例。

秦代出现的定式简明会计记录方法经过两汉、唐、宋几个朝代的发展、演进，到明代已达到比较完善的地步。明代官厅从中央到地方对会计记录的处理、官方的经济文件中的通用术语，基本上达到了规范化。

我国有着注重修史的历史传统，更加难能可贵的是，我国自古对经济活动和国家治理中的数据都有认真的记载。历代正史中保存的数据，是我们精确了解古代社会的重要参考。比如，秦田律规定"顷入刍三石，稾二石"，即每顷土地应向国家缴纳饲草三石、禾秆二石，这是关于税赋政策的明确数据记载。

司马迁《史记》开创的纪传体编史方法为后来历代"正史"所传承，分为十二本纪、三十世家、七十列传、十表、八书。其中"八书"是《礼》《乐》《律》《历》《天官》《封禅》《河渠》《平准》这8篇，其内容是对古代社会的经济、政治、文化各个方面的专题记载和论述。《史记》中收录的《平准书》叙述了西汉武帝时期产生的平准均输政策的由来。所谓"平准均输"，是指在汉武帝时期推行的由国家在各地统一征购和运输货物的经济政策，由大农令孔仅和桑弘羊提出。在中央主管国家财政的大司农之下设立均输官，把应由各地输京的物品转运至各处贩卖，从而增加政府收入，抑制商人垄断市场。平准法是国家平衡物价的政策，在长安和主要城市设立平准官，利用均输官所存物资，根据物价，贵时抛售，贱时收购。实行均输法和平准法使京师所掌握的物资大大增加，平抑了市场的物价，打击富商大贾囤积居奇、垄断市场的行为。说明当时国家对经济的治理已经到了非常高的水平。

从《平准书》开始，历代史书中开辟了专门记载经济的部分，《汉书》始称《食货志》，《食货志》有着极高的史料价值，是研究我国经济财政史的基本史料。此后的正史中《食货志》篇章逐渐增多，如《宋史》《明史》中《食货志》有二十余种子目，分别记述了田制、户口、赋役、漕运、仓库、钱法、盐法、杂税、矿冶、市籴、会计（国家预算）等制度，为了解历代政府的经济政策和当时社会经济状况提供了重要史料。

用数据精确地治理国家，是一个大国得以强盛的根本，古代的官员其实已经有了这种意识。明朝弘治年间，礼部尚书、文渊阁大学士邱濬在他的《大学衍义补》中的《漕挽之宜》篇详述了海运提议。邱濬把海运漕粮的记录，逐年按起运、实失及损失做了详细的统计，通过对比漕运、海运的成本、运量等因素，经统计分析中得出海运比河运损耗小的结论，提出应当将海运作为漕运的必要补充，并进一步认为海运的风险相比于其利得是微不足道的。

明代著名学者徐光启所著《农政全书》中所载的《除蝗疏》是我国最早的治蝗专著。徐光启首先采用量化统计的方法，对史书中明代以前蝗灾的记载进行了统计分析："春秋至于胜国，其蝗灾书月者一百一十有一，书二月者二，书三月者三，书四月者十九，书五月者二十，书六月者三十一，书七月者二十，书八月者十二，书九月者一，书十二月者三。"他的这段话可用下面表中的数列表示。

徐光启对史书中记载蝗灾次数的统计

月 份	1	2	3	4	5	6	7	8	9	10	11	12	合计
次 数	0	2	3	19	20	31	20	12	1	0	0	3	111

根据各月份蝗灾统计资料，徐光启得出了蝗灾发生季节和滋生地的正确认识，不用说，用这么精确的数据和到位的分析上书皇帝，一定会令当时的崇祯皇帝印象深刻。

053

2. 人口普查，古已有之

在生产力低下的我国古代，人力就是第一生产力，所以历代统治者十分重视户口登记，把它作为巩固统治的一个重要手段。此外，为了满足政府征税、抽丁的需要，掌握人口数据已经成为一项重要的施政工作。国家制定专门法令，设有专门机构，配有专职人员从事该项管理活动。

其他国家也不例外，伯利恒是巴勒斯坦的中部城市，一个面积不大、人口不多的地区。但小小的伯利恒却举世闻名，因为相传这是2 000年前耶稣诞生的地方。那耶稣为什么会降生在伯利恒呢？这背后其实就有一个人口普查的故事。

当时，伯利恒隶属于古罗马帝国，处于古罗马皇帝恺撒·奥古斯都时代，出于征税的目的，奥古斯都下令在古罗马帝国全境进行一次人口普查，所有公民必须回到自己的家乡报户口，以便根据收入和财产状况上税并服兵役，谁拒绝报户口，谁就有可能被卖为奴隶。为了不沦为奴隶，约瑟就带着怀有身孕的妻子马利亚从他们居住的拿撒勒城回到老家伯利恒去报户口。

约瑟一家到了伯利恒后，发现城中的客店已经全部满员，他们只好在一间马厩里过夜，这天夜里马利亚生下了耶稣。一幅名为《伯利恒的人口普查》的油画，用写实的手法描绘了傍晚时分，马利亚和约瑟到达伯利恒的场景。画面左边的乡村小客栈门前窗口，设立着人口普查登记处，挤满了排队等候登记的人们。画面中下方，有一个骑着驴的女子，她就是圣母马利亚，牵驴的约瑟是个木匠，肩上还扛着一把大锯。

其实早在共和时期，罗马就开展了不定期的人口基本情况调查，公民需要报告诸如年龄、家庭和财产状况等重要信息。根据孟德斯鸠《罗马盛衰原因论》记载，罗马共和国刚建立时居民总数为44万，其中成年公民约占1/4（11万人）。波利比阿的《通史》还具体提到，公元前

265年（布匿战争前夕）罗马公民人数约为30万。

油画《伯利恒的人口普查》

注：此画由彼得·勃鲁盖尔作于1566年，现藏于比利时皇家美术博物馆。

共和末期，罗马对大规模的人口普查日益重视起来。著名的恺撒大帝于公元前48年颁布《朱里亚自治城市法》，开始对意大利半岛居民展开规模较大的人口普查。这项工作或交由地方行政长官负责，或委派代理长官主持进行，调查重点是财产登记。恺撒进行的人口调查，为罗马帝国初期全面展开大规模的人口普查积累了一定的经验。

人口普查制度，为罗马帝国的统治者治理国家提供了一个比较清楚的依据：帝国有多少臣民，帝国的疆域有多大，帝国的资源分布状况如何，等等。据统计，公元前28年到公元14年，42年间罗马公民人数增加了约87.4万人，平均年增长率约为5%。更重要的是，人口普查制度十分有效地为帝国制定税制、征收贡赋提供了基础保证。

1996年，在湖南长沙走马楼出土了三国时期吴国的简牍十余万片，文字多达二百余万字，为研究三国时期吴国社会经济历史提供了宝贵资料。公元235年，当时正是孙权主吴之时，史料中精确的数据记载，一下子将尘封在历史中的一次人口普查鲜活地展现在我们面前。

实际上，我国不仅是世界上最早进行人口统计的国家之一，同时也是唯一有着长期不间断人口资料记录的国家，历朝历代人口发展脉络清晰，数据相对精确。

司马迁在《史记》中记载了大禹创立夏朝时"抚有民千三百五十五万"，是我国现存最早的户口登记数字，也是世界最古老的人口登记数字之一，当时统计人口总数约为1 355万人，这个数据推测的成分较大。

周朝设有专管户籍的"司民"之官，建立了比较严密的户籍登记和管理制度。我国现在所能见到的有关人口调查的最早历史记载，就是约公元前800年周宣王所进行的"料民"，即登记户口。当时制定赋税、徭役，划定行政区域，都以户口为依据。户口其实是一个复合词，是居住户和人口的总称，计家为户，计人为口，沿用至今。

春秋战国时，户口制度有了很大发展。春秋时的鲁、齐、卫、吴、越诸国先后以25家为一社，并采用"社之户口，书于版图"的"书社"制度，这就是当时的户口制度。

我国古代王朝非常重视人口的增长，秦国统一天下后，采取了统一货币和度量衡，车同轨、道同距等一系列有利于统一的政策，秦国经济有了较大发展，国土面积也有所扩大，其间人口增长较快。

西汉是另一个大一统王朝，国内长期稳定，社会经济稳定发展。西汉制定的法律章程《九章律》，其中一项就是"户律"。按照户律，朝廷通过编制户籍（类似户口簿）掌管全国人口。官府征收租赋、徭役和兵役，完全按户籍办事。由于户籍是当时的主要册籍，土地情况也作为附带项目登入户籍簿中，所以户籍又有地籍和税册的作用。正是由于西汉有这样一套比较完备的户口管理制度，所以汉朝的户口统计数据得到了历代史学家的基本认可，《汉书》记载西汉平帝元始二年，即公元2年，全国户数超过1 200万，人口5 900多万。这一时期的中国人口数量相当于同时期罗马帝国的十倍还多，可视为我国人口发展的第一个高峰。

然而，到了东汉末期，由于农民起义此起彼伏，中国进入历史上有名的乱世。多年的战乱生灵涂炭，到公元3世纪初，中国进入魏、蜀、吴三国鼎立时期时，全国人口总数下降到有系统官方统计以来的最低点，即魏国504万人，蜀国128万人，吴国256万人，合计868万人。

隋朝建立后，虽然经济恢复较快，但由于政权更迭，大业五年（公元609年）全国记录在籍人口只增加到4 602万。直到唐朝时期，政治安定，生产发展，天宝十四年（公元755年）记录在籍人口5 292万，户数则不过900万，每户平均五六人。

宋朝虽然政治上软弱，但经济上却有较大发展，尤其南方生产力发达，农业、手工业以及科学技术都居于当时世界先进水平。北宋后期的实际人口已达一亿，宋金人口合计超过一亿，是中国人口史上的高峰。此时，中国人口分布还发生了一个比较大的变化，按宋神宗元丰三年（公元1080年）的户口统计，北方人口约占37.3%，而南方人口占62.7%，人口重心已移至长江中下游。宋朝末期，由于战乱，我国人口再一次剧烈下降，至元二十八年（公元1291年），全国记录在籍人口下降至5 985万，比宋代人口高峰时减少40%以上。

到了明朝初年，我国建立了系统的人口普查制度——户帖制度，这是一种户籍（人口）调查制度，就调查项目而言，它不只比罗马的人口调查全面得多，就是和十七、十八世纪资本主义国家举办的"人口普查"来做比较，也不失为全面，基本上与现代人口普查一致。以至于有些英美统计学者看到了明代的户帖样本后，也不得不承认这是世界上"最早试行全面的人口普查的历史证据"。到明朝洪武十四年（公元1381年），朝廷开始编制比户帖制度更为完善的赋役黄册，户帖制度逐渐废弃不用。明朝洪武二十六年（公元1393年）全国记录在籍人口为6 055万人，永乐元年增至6 660万人。大量的人口，得益于明代垦田增加，社会稳定，而明中叶以后商品经济发达，并出现资本主义萌芽，也与人口增长有关系。

清朝将丁口作为统计人口的基本计量单位，也是派征丁银、徭役的依据单位。凡男子自十六岁至六十岁称丁，妇女称口，合称丁口。清初的时候，人口统计只计算"丁"（16～60岁男性），而丁数多有隐漏，所以顺治十二年（公元1655年）全国记录在籍人口仅有1 403万丁。乾隆五年（公元1740年）以后，清政府推行保甲户口统计法，改变以前每5年一次编审人丁时计丁而不计口的做法，将丁、口全都分别加以统计，总称丁口。乾隆二十七年（公元1762年）全国记录在籍人口达到2亿，乾隆五十五年（公元1790年）超过3亿，至道光二十年（公元1840年）达到4.13亿，形成我国人口发展的第三个历史高峰。

3. 统计——关于"国家"的学问

统计是一个古老的词，所以最早统计工作的重心是为政府管理国家政务提供资料，用数字资料表现的这种信息可以上溯到亚里士多德及他的"国家政务论"。事实上，英文的"统计学"（statistics）与"国家"（state）源于同一词根，就是一个明证。早期大多数文明国家，出于军事与财政的考虑，曾经编制大规模的统计资料，以确定国家的人力与物力。

古罗马和我国古代的人口普查其实已经带有统计的性质了，正是在这些关注国家经济、人口的数据统计工作中，逐渐发展完善出了现代统计学。

我国同样也是世界上最早系统地开展统计工作的国家之一。《史记·夏本纪》中明确记载"禹平水土，定九州，计民数"，虽然不是信史，但说明当时起码已经具备了粗略统计人口的政治条件和数理知识。《资治通鉴·汉纪》中记载"萧何独先入收秦丞相府图籍藏之，以此沛公得具知天下厄塞、户口多少、强弱之处"，说明秦朝时已经有了比较系统的统计档案，对国家的地理、人口都有翔实的统计数字（天下厄塞、户口多少），刘邦还命萧何"计关中户口"，实地统计人口数目。

而且，我国还建立了系统的统计机构。唐明宗设"度支"（负责财政支出统计）和户部"三司"（统一掌管朝廷财政）。宋代沿用并完善三司制度，三司掌管天下各种田赋、丁税、商税、矿税、酒税等财政收入和官俸、衣粮、军费等财政支出，当时称为"计省"，其长官为三司使，三司使直接对皇帝负责，故被称为"计相"，意即财政宰相。

我国古代还形成了规范的统计上报制度，地方向朝廷上报称为"上计"、皇帝听取地方的报告称为"受计"，报送的统计资料称为"计簿"。计簿内容包括郡国一年之中的租赋、刑狱、选举等情况。郡国上计最初一般由皇帝或丞相亲自接受计书，到了西汉末至东汉，多由大司徒受计。朝廷根据计簿对守、相进行考核，有功者受赏，有过者受罚。各地所上计书，最后集中到丞相府，由计相对这些计簿存档保管。

但长期以来，我国古籍中并没有出现"统计"一词，似乎"有统计之实，无统计之名"。直到清末光绪年间，西风东渐，"统计"一词作为学科名词才从日本传到我国。"统计"开始专指对与某一现象有关的数据的收集、整理、计算、分析、解释、表述等活动。

另外，遗憾的是，像其他很多学科一样，我国尽管做了大量的统计规范和制度建设，但并没有形成自己的统计理论体系，以至于没有在现代统计科学理论体系中占据应有的位置。国际上普遍认可现代统计学源于西方，一般认为其学理研究始于古希腊的亚里士多德时代，迄今已有2 300多年的历史。

与我国古代统计发展一样，西方统计也源于研究社会经济问题。统计一词的英文语源最早出现于中世纪拉丁语中的Status，指各种现象的状态和状况。由这一词根组成的意大利语中的单词Stato，表示"国家"的概念，也含有国家结构和国情知识的意思。根据这一词根，最早作为学名使用的"统计"，是18世纪德国政治学教授亨瓦尔在1749年所著《近代欧洲各国国家学纲要》一书绪言中，把国家学名定为"Statistika"（统计）这个词。原意是指"国家显著事项的比较和记述"或"国势学"，认为统计是关于国家应注意事项的学问。此后，各国相继沿用"统计"这个词，并把这个词译成各国的文字，法国译为Statistique，意大利译为Statistica，英国译为Statistics，日本最初译为"政表""表记""国势""形势""政治算术"等。

统计学在2 000多年的发展过程中，共经历了"城邦政情""政治算术"和"统计分析科学"3个发展阶段。

"城邦政情"阶段始于古希腊的亚里士多德撰写"城邦政情"（也称"城邦纪要"）。他一共撰写了150余种纪要，其内容包括各城邦的历史、行政、科学、艺术、人口、资源和财富等社会和经济情况的比较和分析，具有社会科学特点。"城邦政情"式的统计研究延续了约1 200年，直至17世纪中叶才逐渐被"政治算术"这个名词所替代，并且很快被演化为"统计学"，但统计学依然保留了城邦这个词根。

"政治算术"阶段与"城邦政情"阶段没有很明显的分界点，本质的差别也不大。其特点是统计方法与数学计算和推理方法开始结合，分析社会经济问题时更加注重运用定量分析的方法。

政治算术学派产生于19世纪中叶的英国，创始人是威廉·配第，代表作是他于1672年完成的《政治算术》一书。这里的"政治"是指政治经济学，"算术"是指统计方法。配第在书中宣称，他要用"数字、重量和尺度的词汇"来描述英国的社会经济状况，他还运用统计方法对英国、法国和荷兰三国的国情国力系统地做了数量对比分析。这种将社会经济现象数量化的方法是近代统计学的重要特征，从而为统计学的形成和发展奠定了方法论基础。他的研究清楚地表明了统计学作为国家管理工具的重要作用，因此马克思说："威廉·配第——政治经济学之父，在某种程度上也是统计学的创始人。"

配第在书中使用的数字有3类:

第一类是对社会经济现象进行统计调查和经验观察所得到的数字。因为受历史条件的限制,书中通过严格的统计调查得到的数据少,根据经验得出的数字多。

第二类是运用某种数学方法推算出来的数字。其推算方法可分为3种:

(1)以已知数或已知量为基础,遵循某种具体关系进行推算的方法;

(2)运用数字的理论性推理来进行推算的方法;

(3)以平均数为基础进行推算的方法。

第三类是为了进行理论性推理而采用的示例性的数字。配第把这种运用数字和符号进行的推理称为"代数的算法"。从配第使用数据的方法看,"政治算术"阶段的统计学已经比较明显地体现出"收集和分析数据的科学和艺术"的特点,统计实证方法和理论分析方法浑然一体,这种方法即使是现代统计学也依然继承。

政治算术学派的另一个代表人物是约翰·格兰特。他以1604年伦敦教会每周一次发表的"死亡公报"为研究资料,对伦敦地区将近60年的人口状况进行了抽查与推测,并在1662年发表了论著《对死亡率表的自然的与政治的观察》。书中分析了60年来伦敦居民死亡的原因及人口变动的关系,首次提出通过大量观察,可以发现新生儿性别比例具有稳定性和不同死因的比例等人口规律。他还第一次编制了"生命表",对死亡率与人口寿命做了分析,而引起了普遍的关注。因为格兰特的书中提到了一个让任何权力者都会感兴趣的新奇术语:"政治算术",英国国王查理二世力排众议,把出身于服装商人的格兰特选为皇家学会的院士。

德国哲学家、数学家莱布尼茨堪称历史上少见的通才,被称为"17世纪的亚里士多德",他和牛顿并列,最有名的贡献是独立发明了微积分。然而，莱布尼茨还被誉为"17世纪普鲁士王国的官方统计哲学之父"。他最早建议由普鲁士国家创建中央统计机构，以了解和衡量国力。到了1719年，普鲁士终于开始了全国性的计数工作：把民众分为三六九等，将工匠划为24个细类，甚至连民居都按瓦顶、草顶、新盖、翻修以及有无粮仓等标准都进行了详尽的区分。后来，德国人觉得政治算术这个词显得太坦率，于是他们想出了财政学、时事学等不少名词，最终才将其确定为"统计学"。这仍是那个以"收集有关国家的重大事实"为主要任务的政治算术。

19世纪伊始，普鲁士王国设立了统计局，举办了统计学讲习班。到了19世纪中叶，德国的大城市都建立了官方的统计机构。政府甚至考虑成立一个更强大的中央统计委员会，来协调各部门的统计工作。统计局局长恩格尔（以"恩格尔系数"闻名）表示，这个国家诞生的每一个婴儿，从本质上来说，都应该是一个由1 000个数据编织而成的"新人"。他的出生、接种、教育，他的成功、失败、迟到和早退，他的体格、疾病、能力，他的职业、家庭、地址、婚姻和财富，都在统计学"照料"之列。就算他死了，统计学也不会立刻离去，它还要确认他去世的准确年龄，并记录下他的死因。这个观点已经很新潮了，与目前流行的"数字孪生"非常接近。

18世纪，工业革命带来了科学与技术的大发展，也极大地促进了数学的发展，"政治算术"阶段出现的统计与数学相结合，逐渐发展形成了统计学的第三个阶段——"统计分析科学"阶段。

到了19世纪末，欧洲各大学中"国情纪要"或"政治算术"等课程名称逐渐消失，代之而起的是"统计分析科学"课程。当时的"统计分析科学"课程的内容仍然是分析研究社会经济问题。

"统计分析科学"课程的出现是现代统计发展阶段的开端。1908年，"学生"氏发表了关于t分布的论文，创立了小样本代替大样本的方法，开创了统计学的新纪元。

20世纪，涌现出许多著名统计学家，他们积极发展新理论并应用于实践，而电子计算机的发明和应用极大地促进了统计学的发展。

至此，从数据中来，到数据中去，统计学调查、收集数据并加以分析，再用于预测、决策和管理，统计发展成为科学，数据也成为社会运转的重要基础。

第四章
透视迷雾的数据慧眼

借助数据这个新的工具，人们在自然与人文传统领域发现了很多有意思的结果。数量地理学是应用数学方法研究地理学的学科，是地理学中发展较快的新学科，它运用统计推理、数学分析、数学程序和数学模拟等工具，使用计算机技术，分析自然地理和人文地理的各种要素，以获得有关地理现象的科学结论。

1. 寻找测量年代的尺子

石头是不会说话的，一块化石，一件古物，如果没有文字信息，很难用肉眼判定其年代，这时候就需要一把测量时间的尺子。放射性核素衰变的速度不随地球上的物理条件而变化，这提供了一种天然的时间标准。

碳-14是碳元素的一种具有放射性的同位素，它由宇宙射线撞击空气中的氮原子所产生。碳-14原子核由6个质子和8个中子组成，其半衰期约为5 730±40年。碳是构成有机物的主要元素之一，生物在生存的时候，需要不断地呼吸，参与大气中的碳交换，所以其体内的碳-14含量大致不变。而一旦停止新陈代谢，体内的碳-14就开始自然衰变，逐渐减少。由于自然界中碳的各个同位素之间的比例一直都很稳定，人们通过测量一件古物中碳-14的含量，就可以推算它存在的时期，这种方法被称为放射性碳定年法。

放射性碳定年法是由时任芝加哥大学教授、加州大学伯克利分校化学博士威拉得·利比发明的，他由此获得了1960年诺贝尔化学奖。有了放射性碳定年法，地质学家就多了一把测量远古年代的尺子，用于确定考古学、地质学和水文地质学样本的大致年代。过去考古主要看重文字等各种珍贵的人文记录，而碳-14测年技术的引入，为现代考古学家提供了一些新的线索，比如，一只新石器时代的陶罐中保存的一些谷物、动物骨骼遗存，就可以用来断定年代。

碳-14五千多年的半衰期对地质年代来说太短了，经过6个半衰期也就是约35 000年，碳-14就会衰减到原来的1/64，已经很难找到碳-14的踪迹了。因此碳-14测定的年代范围很窄，只有大概5万年。

碳-14只是放射性碳定年法用到的一种元素，其他常用的定年法还有钾-氩法测定、热释光测定等。20世纪70年代末，国际上兴起一种新的核分析技术——加速器质谱分析，主要用于测量长寿命放射性核素的同位素丰度比，从而推断样品的年代。

对于更古老的地质年代，可以利用放射性衰变的母子体关系来测定。

例如，测定海洋中沉积物的年龄就可以用钍测定法。假设海水中铀的浓度恒定（铀的半衰期远大于钍的半衰期），铀衰变生成的钍会在沉积物中以半衰期77 000年的速度减少。如果海水中的沉积速度均匀，那么，单位重量的沉积物中钍的量应该随着深度按指数规律减少，则一定深度处的沉积年代就可测定出来。为了避免沉积速度变化（如洋流、潮汐等的改变）带来的误差，可用钍-230与钍-232的比值来替代钍测定法测算。

类似的测定年代的方法还有很多，比如，铷－锶法、铀－铅法等都可以用于测定矿物和陨石的年龄。

这些固体的沉积遗存能够保存下来不足为奇，能知道随风而散的古代大气成分吗？科学家也找到了办法，岩石、冰块中封存的气泡可以充当跨越历史、传递信息的信使。黄土、冰芯、石笋、海洋沉积、湖泊沉积、河流沉积等地质体，都可以用来研究地球地质、气候变化历史。科学家已经积累了大量此类数据，成为研究历史、气候和人文的利器。

钻取冰芯可得到古气候和古环境的历史资料，还可获取当时各种元素成分的资料，作为研究环境变化的重要依据。2008年，从封存在南极冰芯中的气泡里，科学家同样提取到宝贵的大气数据，证实在长达65万年的时间范围内，地球大气中三大温室气体——二氧化碳、甲烷和一氧化二氮的浓度，从未像最近几百年这么高，这显然与工业化以后的人类活动有关。冰芯中的宝贝远不止这些，其中记录的冰雪累积量，可以反映降水程度；冰芯中的尘埃含量、同位素、化学元素数据等，可以反映当时的大气环境。冰芯的这些特性使之当之无愧地成为地球的"自然档案"，为研究全球环境变化做出了重大贡献。

截至2011年，在南极冰盖钻取到的最古老的冰芯是欧洲科学家钻取的包含80万年气候变化记录的冰芯，还有日本科学家钻取的包含72万年气候记录的冰芯。科学家认为，南极冰盖应该有超过100万年的更古老的冰。

有了放射性碳定年法、钍测定法、冰芯定年法等这些测量地质年代、分析地质成分的技术手法，人类第一次有了精确测量年代的可能，大量数据化的描述，让人们对地球地质历史的认识一下变得立体起来。

2. 验证马尔萨斯陷阱

人口学家马尔萨斯曾经提出：人口增长是按照几何级数增长的，而生存资料仅仅是按照算术级数增长的，多增加的人口总是要以某种方式被消灭掉，人口不能超出相应的农业发展水平，这被称作"马尔萨斯陷阱"。

马尔萨斯陷阱真的存在吗？至少马尔萨斯著作中描述的英伦三岛人口膨胀的可怕前景并没有出现。然而，借助地质时间标尺，审视更宽广的历史尺度，似乎能够验证马尔萨斯陷阱已经多次出现并展现了巨大的破坏力。

在20多亿年前，地球进化出能够进行光合作用的蓝藻，因为蓝藻引入了新的能源系统，蓝藻数量出现指数型大爆炸，很快便布满海洋。海量的蓝藻在光合作用下制造出大量氧气，提高了地球大气中的氧气含量，使地球出现大氧化事件，继而引发厌氧微生物的大灭绝和地球史上最严重的冰期——休伦冰河时期。这是马尔萨斯陷阱第一次出现。

科学家发现，距今约10亿年前的新元古代，冰川曾经到达过热带地区的海平面，将地球的整个海洋和陆地都冻结为"雪球地球"，对此现象的一种解释是，超大陆的裂解使大陆边缘海面积迅速增加，大大增加了边缘海生物初级产率和有机碳埋藏量，造成大气中的"温室"气体二氧化碳含量迅速减少，进而驱动了失控的冰反射灾变，形成了"雪球地球"。这是马尔萨斯陷阱第二次出现。

1亿年前的恐龙时代，因为被子植物的大繁荣，导致白垩纪末期大气中的二氧化碳浓度明显降低，温室效应减弱引发了全球气温的大幅下降，小行星撞击的联合作用使恐龙等物种灭绝，马尔萨斯陷阱又一次出现。

6 500万年前地球进入新生代，恒温的哺乳动物快速崛起，成为地球的新主宰，5 000万年前出现高级灵长类动物。在这一时期被子植物继续大繁荣，空气中的二氧化碳浓度持续减少。

二氧化碳的浓度一直在降低。终于在258万年前使地球进入第四纪冰河时期，马尔萨斯陷阱再一次出现。

从地球历史的尺度看，藻类、植物的指数型增长快速消耗了空气中的二氧化碳资源，改变了大气中的氧含量，引发了一系列的生物灭绝和大冰期。所以马尔萨斯陷阱也体现了推动生物繁荣、灭绝和冰河周期的内在力量。

此后，马尔萨斯陷阱的主角就变成了人类，1万多年前爆发农业革命，200年前爆发工业革命，人类人口第一次达到10亿用了300万年，第二次用了一个世纪……最近的一次只用了10年。

300多万年前，一种高智商的古猿从树上来到地面，在掌握了直立行走的技能后，通过团队合作和大量的新发明，成为地球史上最"可怕"的猎人。这些猎人的数量开始进入指数型增长，多次走出非洲，最终布满全球。但是因为冰河时期的严酷环境，这些分布在各大陆的古猿逐渐灭绝，元谋猿人、蓝田猿人、北京人和尼安德特人就都没有挺过极寒的冰河时期而成为人类远古的先驱。

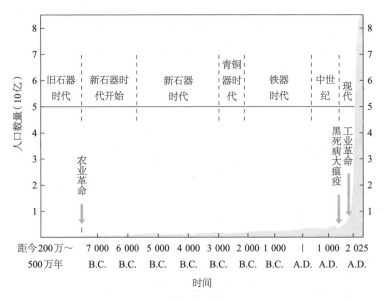

世界人口增长趋势

10万年前，经过激烈的物种竞争和残酷考验，最聪明的人类诞生了，他的名字叫智人，这是人类最后一次走出非洲，在包括猛犸象在内的大量物种灭绝后，人类仅用了几万年就遍布全球。

而人类活动对大气中二氧化碳含量的改变是巨大的。下图中是公元以来的二氧化碳等温室气体的浓度变化，从工业革命开始，温室气体浓度开始骤增。

相对于细菌、地衣、植物用亿万年改变大气组成，人类仅用了200年就改变了地球大气的组成，人口数量爆炸式的增长让一切生物都相形见绌。

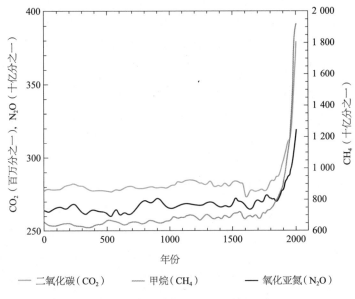

公元以来温室气体浓度（摩尔分数）变化

3. 气候、农业与兴亡

古代生产力低下，缺乏社会积累，人类在天灾面前往往不堪一击，只能想出一些祭天、祈雨的办法。人们从历史观察中已经发现，一旦发生大面积的灾害性天气或者趋势性气候恶化，对王朝来说就是灭顶之灾。这其实可以解释得通，贫苦农民以农业为生，而气候又是农业经济状况的决定性因素，民不聊生，只能揭竿而起。如果能够得到历史上的气候数据，对照历史变迁，或许我们能够更好地理解历史。

所幸气候学家和历史学家已经可以借助科学的手段获取古代气候数据，在竺可桢等学者的努力下，中国古代灾害和温度数据得到初步重建。气候学、地理学、历史学与经济学等学科的学者基于不同的研究视角对气候与中国历史变迁之间的关系进行了统计和计量实证分析，提供了从气候的角度来观察朝代兴亡的有趣视角。

学者认为，尽管造成朝代灭亡的原因是复杂的，但寒冷与朝代灭亡之间的关系可能不仅仅是巧合。汉朝、两晋南北朝、唐朝、宋朝及明朝各朝代后期均存在旱涝灾害频繁交替事件，中国朝代兴衰可能与气候变化之间存在联系。科学家对中国唐末到清的战争、社会动乱和社会变迁进行了系统的对比分析，发现战争数量与气温呈显著负相关关系，寒冷期战争频率显著高于温暖期，70% ～ 80%的战争高峰期、大多数的朝代变迁和全国范围动乱都发生在冷期。

不妨回到历史的早期看一看，在商朝都城殷墟遗址中，考古学家发掘出一件铜质容器，里面盛满了已碳化的梅子核。而现在由于气候太冷，梅子在这一地区已销声匿迹，可见商朝时气候比现在温暖。气候学家竺可桢认为，商朝末期和西周初期，中国气候变冷速度加快，他将公元前1000年左右看作中国历史上最冷时期之一，也就是在商朝灭亡的时候，生态环境也发生了深刻的变化。

关于西周气候情况最直接的证据来自古代历史书《竹书纪年》，据此书记载，扬子江在公元前903年和公元前897年曾两次结冰。在欧洲也出现了一个类似于东亚所经历的寒冷期，并在公元前1000年至公元前600年达到极冷。希腊盛行厚装以及遍及欧洲的人口南迁，都有力地证明了这一时期欧洲气候的寒冷。

据《左传》记载，东周时期，在今山东南部当时的郯国，人们往往以家燕的最初北归来确定春分的到来。然而，现今，春分时节家燕再也不可能按时到达山东省了，而只是到达长江入海口处的上海一带。这一资料说明春秋时期今山东南部的气候类似于今天上海地区的气候。东周有利的气候条件使人们更容易从事农业生产，也更容易实现农业盈余，这一时期出现的诸子百家争鸣的思想活跃现象，客观上说明了当时社会经济的良好发展。

有利的气候条件促进了东周时期人口的增长，但这也伴之以社会的急剧变革。当时的哲学家韩非子认为，保持人口数量在低值水平能使人们更友好和平地分配物质资源，并以此作为其道德理念的核心。

三国时期，又是寒冷的时期，魏黄初六年（公元225年）三月，曹丕以水师征吴。十月至广陵，戎卒数十万，旌旗数百里，有渡江之志。是时天寒结冰，船不得入江，遂还师。据竺可桢推测，这一新的寒潮是在公元3世纪80年代达到最低点的，因为晋朝史书记载当时五月份还有霜冻，据此可知，当时的平均气温至少比现在低约1摄氏度至2摄氏度。

隋、唐时期中国的重新统一不仅标志着政治形势的改善，也标志着一个温暖的气候时期的开始。这一温暖趋势在7世纪尤其引人注目。有关位于今西安的唐都长安的资料表明，在650年、669年和678年都城长安都无冰无雪，从大家公认的西安地区冬季冰点气温的标准来看，以上情况表明当时西安地区的气温明显比现在高。

有关日本东京樱花盛开的资料进一步说明了这一转冷的趋势。从11世纪到14世纪都有樱花晚期开花的记载，证明当时存在普遍寒冷的趋势。在中国和欧洲，"小冰期"大约从1 200年延续至1 400年，正是中国南宋后期及元朝时期，气候恶化再一次与北方游牧民族的入侵同时发生。与南北朝时期北方游牧民族的入侵原因相同，中国和北亚、中亚地区恶劣的气候可能削弱了北方游牧经济的生存力，从而促使他们在不断增加的压力下南迁。

借助研究，我们可以梳理出历史上某些时期中国气温变化的基本轮廓：新石器时期气候似乎特别暖和，孕育了远古文明；约在公元前1500

年的商朝期间，气候开始变冷并可能在公元前1 000年左右达到一次极冷；随后西周早期气候开始呈变暖趋势，并持续至汉朝；3世纪的东汉后期出现一个新的寒冷趋势，直至整个南北朝时期，气候都是普遍寒冷的；7世纪温暖气候恢复并持续至10世纪；11世纪又相对寒冷；12世纪和13世纪早期有一次短暂的转暖，但总的来说气候是趋向于寒冷的。

对照历史不难发现，在温暖期，中国社会经济相对繁荣，民族统一，国家昌盛，而在寒冷期，气候剧变引起经济衰退，游牧民族南侵，引发农民起义，国家开始分裂，经济文化中心南移等。

4. 信史由踪

信史是较为翔实和可信的史书，也指纪事真实可信、无所讳饰的史籍，有文字记载，或有实物印证的历史。一个国家、一个民族可供研究的历史往往是以"信史"为开端的。

中华文明是世界上唯一一个传承至今的文明，从传说时代的三皇五帝到今天，也有约5 000年的历史。早在先秦时期，中国就有了规范的、文字记载的历史。中国历朝历代都非常重视史官制度，并形成了接续王朝为前朝修史的优良传统。

然而，我国的信史却只能从公元前841年的"共和元年"算起，司马迁在《史记》里说过，他看过有关黄帝以来的许多文献，虽然其中也有年代记载，但这些年代比较模糊且又不一致，所以他便弃而不用，在《史记·三代世表》中仅记录了夏、商、周各王的世系而无具体在位年代。因此，尽管传说中关于大禹、夏启、夏桀、商汤、商纣等夏、商两个朝代的传说流传甚广，但传统上不把这些历史记载作为可信的证据。这是一种非常科学、严谨的修史思想，不能证实的事情，就暂且不记。所以，司马迁在《史记·十二诸侯年表》中，以"共和元年"作为起始之年。

从公元前841年开始，我国历史记载的所有事件，都以编年的形式有了明确的记载，每个君主在位的时间长短、他们在位时每一年发生的重要历史事件，都能完整地接续起来。

而公元前841年之前，我国的历史事件记录是不完整的，甚至很多都是空白的。

要可信，必须要有证据，特别是确切的年代信息，这就看出数据记载的重要性了。然而在漫漫历史长河中，很多可能记录在竹片、木板、绢帛上面的记载都已经湮灭了，只有极少的青铜器、陶器流传至今。我们的古人特别重视对大事的记录，不惜花费重金铸造青铜器作为礼器，并在上面铸造铭文，天子之事，如昭王南巡，穆王西狩等，多有记述，称为钟鼎文，也叫金文。这类铜器以钟鼎上的字数最多，据容庚《金文编》记载，已发现的金文共计3 722个，其中可以识别的字有2 420个。

晋侯苏钟是山西晋侯墓地发掘出的最重要器物，因其上刻凿有355个文字，成为半个世纪以来青铜器铭文最重要的发现。这套钟共16件，其中14件由上海博物馆收藏，其余两件在清理发掘晋侯墓地8号墓时出土。钟可分为两组，每组8件，大小相次，排编成两列音阶与音律相谐和的编钟。铭文355字，首尾相连刻凿在16件钟上。这种在铸造好的青铜器上刻凿铭文的方法，在西周罕见。铭文记载了在西周晚期某王三十三年，晋侯苏奉王命讨伐山东的夙夷，折首执讯，大获全胜，周王劳师，并两次嘉奖赏赐晋侯的史实。

至于要厘清夏商两朝的精确纪元，20世纪末中国的"夏商周断代工程"在一定程度上弥补了这个缺憾。

要知道明确的年代，需要有数据记载，但是现在唯独缺少的就是数据，历史学家只能向科学家求援。于是，9个学科、12个专业、200多位专家学者云集夏商周断代工程，开展联合攻关。历史学家以历史文献为基础，把中国历代典籍中有关夏商周年代和天象的材料尽量收集起来，加以分析整理；天文学家全面总结天文年代学前人已有的成果，推断若干绝对年代，为夏商周年代确定科学准确的坐标；考古学家则对和夏商周年代有密切关系的考古遗存进行系统研究，建立相对年代系列和分期。在测年科学技术方面，主要采用放射性碳定年法，包括常规法和加速器质谱技术。

夏商周断代工程中最有名的一个案例是"天再旦"。周懿王是周朝第七位帝王，他在位时并没什么政绩，关于他的记载也不多，只知道西周从他开始走向衰落。然而《竹书纪年》有一个重要的记录，即"懿王元年天再旦于郑"。夏商周断代工程要确定懿王元年是公元前的哪一年，全在这十分简约的9个字中。

关键在"天再旦"3个字。有专家认定，这是一种奇异的天象，从字面看，意谓"天亮了两次"。在什么情况下才会"天亮两次"呢？只有在太阳出来前，天已放亮，或者太阳刚好在地平线上，忽然发生了日全食！这时，天黑下来，几分钟后，日全食结束，天又一次放明。这就是"天亮两次"——"天再旦"。由于日食可以用现代天文方法计算，因此这条记录是确定周懿王年代的重要线索。

借助速率强大的计算机和专业软件，现代天文学已经可以推算还原出古代天象记录的场景。科学家对相关时代的日食状况做了详细计算，提出发生"天再旦"的懿王元年为公元前926年或公元前899年。而美国加州理工学院的3位科学家的计算结果更为具体，"懿王元年天再旦于郑"指的是公元前899年4月21日凌晨5时48分发生的日食，在现今陕西一带可见。而"郑"就是今天的陕西华县或凤翔。公元前899年是懿王元年就这样确定下来了。

众所周知，太阳出来后，天光随太阳的地平高度而变化。由于大气散射，太阳在地平线以下时，天空就开始亮了。这是一个复杂的过程，很难定量表达，却又必须定量表达。1996年7月26日，"懿王元年"专题组报告，1997年3月9日，我国境内将发生20世纪最后一次日全食，其发生时间，在新疆北部，正好是天亮之际。于是，科研人员决定多角度观测这次日食，以印证"天再旦"的视觉感受，并使感受得到量化的理论表达。

为使观测结果能够真正地说明问题，科研人员做了缜密的准备工作。他们首先对22个日出过程做了450次测量，并通过天体力学方法进行计算，得出一个可对日出时的日食现象进行数学描述的方法：日全食发生时，当食分大于0.95，食甚发生在日出以后，就会发生很明显的天光渐亮、转暗再转亮的过程，即"天再旦"现象。

实际观测是否符合上述描述，是"天再旦"是否确为日全食记录的关键。

1997年3月9日，我国境内发生日全食。科研人员根据收集来的报告数据得出的观测结果是：日出前，天已大亮，这时日全食发生，天黑下来，星星重现；几分钟后，日全食结束，天又一次放明。这一过程证实了通过理论研究得出的天光视亮度变化曲线，与实际观测的感觉一致，印证"天再旦"为日全食记录是可信的。

经过200多位专家学者历时5年的努力，"夏商周断代工程"正式公布了《夏商周年表》，这个年表为我国公元前841年以前的历史建立起1 200余年的三代年代框架，夏代的始年为公元前2070年，商代的始年为公元前1600年，盘庚迁殷为公元前1300年，周代始年为公元前1046年。

需要特别说明的是，"夏商周断代工程"的成果至今仍有争议，国内外持不同意见的学者有很多，本部分介绍"夏商周断代工程"，只是说明数据在描绘历史中的重要性以及学者从蛛丝马迹中梳理精确数据所付出的努力。

第五章
测量宇宙

人类很早就开始仰望天空，思索繁星的奥妙。今天的人们可以用万有引力等科学原理正确地解释天体运行的规律，但古人由于认知的局限，只能记录观察到的奇异天象。这些隐藏在浩瀚历史文献中的只言片语，无意中为后世科学研究提供了宝贵的天体运行数据。

《宋史·地理志》中记载："至和元年（公元1054年）五月己丑，（客星）出天关西北可数寸，岁余稍没"；《宋会要》中记载："至和元年五月，（客星）晨出东方，守天关，昼见如太白，芒角四出，色赤白，凡见二十三日。"《宋史·仁宗本纪》则记载："嘉祐元年（公元1056年）三月辛未，司天监言：自至和元年五月，客星晨出西方，守天关，至是没。"

这几段文字看起来平淡无奇，却记载了发生于公元1054年的一次超新星大爆发事件，所谓"客星"，就是大爆发时亮度剧增的恒星，两年后，这颗爆炸的恒星逐渐散开，即"至是没"，演化至今成为蟹状星云。1942年荷兰天文学家奥尔特从星云的膨胀速度，反推出这些类似纤维状的物质是约900年前从一个密集点飞散出来的。经过许多天文学家的计算、分析，证实了蟹状星云就是公元1054年那次超新星大爆发后的遗迹。

从数据角度来说，观测记录不应该只是用于反演证明，而应该正向推动科学研究的发展。果然，到了17世纪，随着望远镜等观测器材的发明，观测数据变得更多也更精确，人类终于开始运用数据工具研究天体，从而进入天文大发现的时代，真正地理解星空。

1. 第谷的"数据"与开普勒的"挖掘"

数据挖掘现在已经成为数据领域中的一个专有名词,指的是从大量数据中通过算法搜索隐藏于其中的信息的过程。实际上,天文大发现也是从"数据挖掘"开始的。

丹麦天文学家、占星学家第谷·布拉赫是天文界的一位传奇人物,他在天体观测方面获得了不少成就,他给世人留下一份长达20多年的观测资料和一张精密星表。为此,他被称为"星子之王",同时也可以称得上最早的天文数据家,实际上,第谷本身是宫廷数学家。

1563年,第谷写出了第一份天文观测资料,记载了木星、土星和太阳在一条直线上的情况。1572年11月11日,第谷观测到了仙后座的新星爆发,并持续进行了16个月的详细观察和记载,获得了惊人的成果。后来,受丹麦国王腓特烈二世的邀请,第谷在丹麦与瑞典之间的汶岛开始建立"观天堡"。这是世界上最早的大型天文台,他在这里设置了4个观象台、1个图书馆、1个实验室和1个印刷厂,配备了齐全的仪器,总共耗费黄金1吨多。第谷在这里一直工作到1599年,在20多年的时间里取得了一系列重要成就,创制了大量的先进天文仪器。1599年,丹麦国王腓特烈二世去世后,第谷在波希米亚国王鲁道夫二世的帮助下,移居布拉格,建立了新的天文台。1600年,第谷与后世大名鼎鼎的开普勒相遇,邀请他作为自己的助手。与第谷不同,开普勒视力衰弱,但精通数学,两人一个长于观测数据,一个善于数据分析,共同开创了一段数据天文学传奇。

开普勒来到第谷身边以后,师徒俩朝夕相处,结成了忘年交。不幸的是,仅仅不到10个月,第谷就去世了。第谷把自己辛勤工作几十年积累下来的观测资料和手稿,全部交给开普勒使用,开普勒接替了第谷的工作,并继承了他的宫廷数学家的职务。

第谷收集的大量极为精确的天文观测数据资料,为开普勒的工作创造了条件。开普勒利用第谷的观测资料和星表进行新星表编制，经过大量的计算，编制成《鲁道夫星表》，表中列出了1 005颗恒星的位置。这个星表比当时的其他星表要精确得多，直到18世纪中叶，《鲁道夫星表》仍然被天文学家和航海家使用。

同时，开普勒还在第谷多年积累的观测资料基础上开始了细致的数据分析研究。第谷遗留下来的数据资料中，关于火星的观测资料是最丰富的，通过计算，开普勒发现第谷观测到的火星轨道数据与计算结果有误差。幸运的是，开普勒选择了相信数据，而对当时堪称"完美"的神运动（匀速圆周运动）原理发起质疑，从而最终发现了行星沿椭圆轨道运行的规律。在此基础上，开普勒在第谷观测的太阳行星数据基础上进行推演，经过近6年的大量计算，开普勒得出了第一定律和第二定律，发表在1609年出版的《新天文学》上。又经过10年的大量计算，得出了第三定律，这三大定律分别为椭圆定律、面积定律和调和定律，统称为开普勒定律。

开普勒定律主张地球是不断移动的，行星轨道是椭圆形的，且行星公转的速度不恒等，这些论点大大地动摇了当时的天文学与物理学。开普勒定律也为牛顿发现万有引力定律打下了基础，又经过近百年后，牛顿利用他的第二定律和万有引力定律，从数学上严格地证明了开普勒定律，终于用物理理论解释了其中的物理意义。

2009年3月7日，以开普勒命名的一艘探测器从美国佛罗里达州的空军基地发射升空，这是美国宇航局发射的首颗探测类地行星的探测器。开普勒探测器的科研任务是对银河系内的10万多颗恒星进行探测，希望能够搜寻到支持生命体存在的类地行星。到2018年止，经过9年多的工作，开普勒探测器已经观测了53万多颗星体，收集了多达678GB的科学数据，为科学家提供了证实2 662颗系外行星存在的数据。

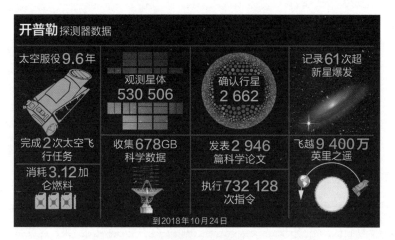

开普勒探测器数据

2. 笔尖下的发现

开普勒定律和万有引力的发现，使天文学家和天文爱好者认识到可以凭借数据分析推断发现未知天体。在1846年9月23日被发现的海王星就是一次通过数学预测而非有计划的观测发现的行星，被称为"笔尖下的发现"。

海王星的发现可谓一波三折，颇具戏剧性，故事的核心简单来说就是两位年轻的科学家各自独立地完成了海王星轨道的测算。天文学家很早就发现天王星的实际位置偏离了推算出的轨道，这个时期的人们已经对万有引力有了比较坚定的认识，认为比起万有引力引起的可能错误，存在未知行星的概率要大得多。1843年，英国剑桥大学研究生约翰·亚当斯发现，有充足数据表明天王星的轨道偏离是由一个未知的天体导致的，很有可能这是一颗行星。经过两年的潜心研究，亚当斯在1845年9月推算出了这颗未知行星的轨道。几乎同时，1845年夏天，法国科学家奥本·约瑟夫·勒维耶同样着手研究天王星的不规则运行轨迹，他也预测了未知天体的位置，称为"一颗尚未知道的星球"，他的研究成果刊登于1846年7月出版的伦敦《泰晤士报》上。但这些理论计算结果必须通过实际观测确认，而当时的天文望远镜资源非常稀有，很少有天文台具备可以观测并搜寻行星的设备。亚当斯把自己计算的结果寄给英国格林尼治皇家天文台台长，并请求使用望远镜协助观察确认，但并没有得到格林尼治皇家天文台的授权观测。而勒维耶却幸运地得到了柏林天文台助理加勒的帮助，1846年9月23日晚，加勒亲自用天文望远镜进行观测，助手德莱斯特则在一旁核对星图，果然真的就在勒维耶所指方位看到了一颗星图里没有记录过的8等星，他们反复观测、反复核对星图、反复确认，第二天晚上又继续观测，确认了前一天的观测结果，这就是海王星发现的简要过程。海王星被发现后，当时的英、法两国引发了发现权的归属之争，最终，国际天文界确认勒维耶与亚当斯两人共同享有海王星的发现权。

不管海王星发现的争议如何，勒维耶与亚当斯在利用数据测算天体运行轨迹的思路上是一致的，他们想到的是可以利用天王星轨道的"逆摄动"推测出海王星的存在与可能的位置。天文学上的"摄动"即指根据万有引力定律，通过已知大行星的轨迹，计算出其对临近行星的运行干扰程度。而"逆摄动"则是指通过已知大行星受到的"摄动"来推算出未知星的轨迹。勒维耶和亚当斯是如何得出推测结果的呢？确定一个未知摄动体的位置是一件非常困难的事情，这包括测定由天王星轨道运行的偏差而产生的轨道参数。在解决问题的过程中，亚当斯和勒维耶利用了提丢斯－波得定则来确定摄动体的轨道运行半径，并借助了菲利普·勒杜尔塞在"世界体系研究"一文中的拉普拉斯摄动理论。亚当斯运用摄动理论并修改了这颗亮度为8.0的星球的轨道参数体系，以此来减少天王星预测运行轨道和计算轨道之间的差异。按照提丢斯－波得定则的设想，预测的第八颗星球应该会有一个高度离心的运行轨道。

在后来的观测中，人们发现从海王星的运动中得到的海王星的准确质量值比亚当斯和勒维耶当初估计的质量值要小得多，因此，海王星的存在还不能完全解释天王星的轨道偏移问题，因为它的引力不够大，仍有微小的误差没有得到合理的解释。不仅如此，后来发现海王星本身也有些失常的表现，因此人们必然又想到了"海外行星"的问题。许多人都极力效仿亚当斯、勒维耶的方法，都想先从方程中去"解"出这颗"海外行星"应在的位置，再用望远镜去寻找，但都没有成功。直到1930年3月13日，美国亚利桑那州洛韦尔天文台用当时刚发明不久的一种仪器"闪视比较仪"，最终找到了这颗"海外行星"——冥王星。实际上并不是说冥王星不能用数据找到，而是因为它实在是太小、太暗了，即使知道它所在的位置，也不一定能找得到。2006年8月24日，冥王星从九大行星中被排除，降格为矮行星，这已经是后话了。

3. 源于毫末测量的大发现

2017年10月3日，瑞典皇家科学院宣布将2017年度诺贝尔物理学奖授予美国的雷纳·韦斯、基普·索恩和巴里·巴里什，获奖理由是"对LIGO探测器和引力波观测的决定性贡献"。这3位科学家都来自美国，而LIGO，全称"激光干涉引力波天文台"，是一个汇集了20多个国家1 000多名科研人员的合作项目。如果从爱因斯坦1916年预测出引力波算起，到2015年LIGO获得引力波的直接观测证据，跨越了近百年。

引力被认为是时空弯曲的一种效应，这种弯曲是因为质量的存在而导致的。通常来说，在一个给定的体积内，包含的质量越大，那么在这个体积边界处所导致的时空曲率就越大。当一个有质量的物体在时空当中运动的时候，曲率变化反映了这些物体的位置变化。在某些特定条件之下，加速物体能够对这个曲率产生变化，并且能够以波的形式以光速向外传播，这就是引力波。

关于引力波最形象的描述可能就是"时空涟漪"了。宇宙中，两个质量极大的物质（比如黑洞）相互高速地环绕，会让周围的时空产生一阵阵的"涟漪"。就像在平静的水面丢下一个小石块，水面会有一圈圈的波纹向外扩散，这时候水面就是时空，水的波纹就是引力波。

十几亿年前，距离地球数百万个河外星系之外，两个黑洞发生了碰撞。它们彼此围绕着旋转了亿万年，每一圈后都在加速，呼啸着靠近对方。到了它们间距只有几百公里的时候，它们几乎以光速旋转，释放出强大的引力能量。时间和空间被扭曲，在不到一秒钟的分毫瞬间里，两个黑洞终于合并为一个质量约为62个太阳的新黑洞，这次合并辐射出比全宇宙的恒星辐射还多几百倍的能量。

这次黑洞碰撞产生的引力波向四周传播，途中随着距离不断衰减。与此同时，在我们的地球上，宇宙洪荒，沧海桑田，开始出现生命，开始出现动物，恐龙崛起、演化、消亡。引力波继续前进，大概5万年前，引力波到达了银河系，这时，人类的祖先智人才开始取代尼安德特人成为地球的新主宰。爱因斯坦预言了引力波的存在，激发了科学家后面持续数十年的猜测和无果的寻找。约20年前，一个巨大的探测器——LIGO开始建设，终于，在2015年9月14日中午11点（中欧时间）前，引力波经过漫长的跋涉到达了地球。

引力波实在太微弱了，只有质量极大的物质比如中子星、黑洞才能产生可被观测到的引力波，而这些产生巨大引力波的中子星、黑洞又距离我们非常遥远，这里所说的距离，既包括空间，也包括时间。所以，对于引力波的直接探测极其困难。

20世纪70年代，科学家提出了使用激光干涉仪探测引力波的方法，而激光干涉仪也就是LIGO以及世界上其他引力波探测站目前正在使用的探测方法，它的工作原理大致如下：

从激光器中发射出一束频率非常稳定的激光，这一束激光首先通过分光镜，然后被分为两束强度相同的激光，这两束激光分别进入两个互相垂直的干涉臂（LIGO建造了两个4公里长的真空管道）。激光光束在抵达尽头后，会通过镜片反射回来，然后在分光镜的位置相遇。在这里会有一个输出端口，用于读出这两束激光合并在一起产生干涉后的光强。

激光干涉仪探测引力波的工作原理

通过控制这两个互相垂直的干涉臂的长度，这两束激光的"能量"是可以互相抵消掉的，这时候在输出端口上就无法读到光信号。当引力波通过时，会引起时空变形，一个臂的长度会变长，另一个臂的长度会变短，从而造成光程差，激光干涉条纹会因此发生变化。LIGO可能是人类建造过的最先进、最精密的设备之一，它非常精确，远超之前探测设备的精度，甚至可以检测到比原子核还小的运动——这是有史以来科学家尝试过的最小度量，使其能够捕获引力波经过时对时空的轻微拉伸和压缩所引起的微小长度变化。

LIGO位于华盛顿汉福德的观测台

图片来源：加州理工学院/麻省理工学院/LIGO实验室。

汉福德观测台控制室

图片来源：加州理工学院/麻省理工学院/LIGO实验室。

　　显然，LIGO巧妙地将对引力波的捕获设计成一个数据问题，科学家只需要查看数据的变化就能找到引力波存在的证据，但实际上，问题远没有这么简单。由于存在诸多干扰引力波观测的背景杂音，LIGO每年收集到的500TB数据中的绝大多数依然是噪声。要将信号和噪声区分开，有两种基本的方法：

　　第一，检测非常强的信号。比如，首次证明引力波存在的这次观测，两个黑洞的融合过程所释放的能量超过了整个宇宙所有恒星发光能量的总和！如果这么巨大的能量是以可见光的形式释放的，这两个13亿光年外的黑洞将在我们的天空闪耀如满月。这一个罕见的事件发生时，相隔3 000多公里的两个LIGO设施都探测到了非常强且一致的信号，这种好运气可能在很长时间内都不会再有。

　　第二，我们可以探测隐藏在噪声中的长期信号模式。我们可以检测所谓的"背景"引力波，这些引力波是宇宙大爆炸或星系团中的星系和黑洞在不断碰撞与融合的长期运行过程中遗留下来的。随着时间的推移，这类信号的累计数据会越来越加深我们对其物理系统的理解。有了合适的物理模型，人工智能就能学会用这些数据与模型进行比对，预测出与新信号有关的天文事件。

回到引力波的发现过程，2015年9月14日，引力波穿过地球，它首先通过了美国路易斯安那州的引力波探测器，7毫秒之后通过了3 000公里外的华盛顿州的探测器。

经过严谨的数据分析后，LIGO得出结论，这次探测到的引力波是两个黑洞在互相碰撞融合期间释放出的。这次的融合发生在13亿年前，这两个黑洞的初始质量大约为太阳的30倍，以0.5倍光速绕着对方旋转，终于，两个黑洞碰撞、融合，大约3倍于太阳质量的物质转化为能量。按照爱因斯坦量能转换公式$E = mc^2$，可以估算出这份能量值之巨大，瞬间的功率超过了宇宙中所有恒星的功率之和。这些能量以引力波的形式释放出来，向着包括地球在内的宇宙各个方向进行传播，经过漫长的13亿年长途跋涉才到达地球，并幸运地被人类捕获。

引力波的发现标志着人类在太空探索的路途上迈出了里程碑式的一步。LIGO的成功也标志着大科学设施的巨大威力，更精细的观测、更强大的计算力，拓展了人类认识宇宙的广度和深度。以引力波发现为代表的现代天文学越来越依靠数据的分析，可以肯定的是，未来将有更多隐藏在观测数据中的内涵会被发现。

4. 数据让我们看得更清楚

马头星云是一个暗星云，由黑暗的尘埃和旋转的气体构成。它是位于猎户座参宿一左下处猎户座分子云团的一部分，距离地球大约1 500光年。

晴朗的夜空中，肉眼可见在猎户座那个三星连线的"猎户的腰带"的下方，存在着有点儿模糊的一团亮点，马头星云就藏在那里。

马头星云因形状酷似马头而得名，但它实际上是黑色的，衬托在附近恒星照亮的背景空中。这张绚丽的图像是由轨道上的哈勃太空望远镜用红外光拍摄的，然后转换为可见光图片，呈现出马头星云丰富的细节。自1990年发射升空以来，哈勃太空望远镜已经工作了30多年，传回的数据总量已经超过150TB。得益于这些前所未有的宝贵数据，我们能够更清楚地看世界。

夜空中所见猎户座星云

用哈勃太空望远镜看红外线下的马头星云

5. 遥看天河亿万年

宇宙实在是太大了，目前飞得最快的人造物体是"新地平线号"探测器，2007年2月28日飞过木星时速度达到了76 392千米/小时，即约21.22千米/秒，还不到光速的万分之一，这放在宇宙的尺度上实在是太慢了。目前飞得最远的人造物体是"旅行者1号"宇宙飞船，据估计已经飞到了200多亿公里之外，但是还没有飞出太阳系。

茫茫宇宙浩瀚无边，由詹姆斯·韦伯太空望远镜最新发现的已知最古老星系"GLASS-z13"，已经存在了135亿年，诞生于宇宙大爆炸后的3亿年。目前人类接收到的最远的红移电磁波信号（宇宙微波背景信号）大约来自138亿光年之外。做个类比，如果宇宙的边界在38万公里外的月球，人造飞行器目前大约只飞离了半微米。

为了衡量宇宙，人们不得不发明很多特殊的单位。

- 天文单位：天文单位是天文学中计量天体之间距离的一种单位，以A.U.表示，其数值取地球和太阳之间的平均距离。国际天文学联合会1964年决定采用1A.U. = $1.496×10^8$千米，自1968年使用至1983年年底；又于1978年决定改用1A.U. = 149 597 870千米，从1984年开始使用。

- 光年：光在宇宙真空中沿直线传播一年时间所经过的距离，为9 460 730 472 580 800米，即约9.46万亿千米。

- 秒差距：主要用于量度太阳系外天体的距离。1秒差距定义为天体的半年视差为两角秒（2″）时，天体到地球（太阳）的距离，也就是地球轨道半径对应视角为一角秒（1″）时的距离。秒差距是视角的倒数，当天体的视角为0.1角秒时，它的距离为10秒差距，当天体的视角为0.01角秒时，它的距离便为100秒差距，依次类推。1秒差距约等于3.26光年。但在测量遥远星系时，秒差距单位太小，常用千秒差距和百万秒差距为单位。

- 哈勃半径：哈勃半径等于自大爆炸时刻起光线传播的距离，所以它以光年为单位的数值与宇宙年龄的年数相同。哈勃半径是宇宙中最大的数据尺度，在宇宙大爆炸的瞬间，哈勃半径为0，随着时间的推移，宇宙快速膨胀，哈勃半径也在不断地增长，现在为150亿到200亿光年，或60亿秒差距。根据哈勃定律，必然存在一个确定的距离，在那个距离上，星系以光速退离我们。所以，我们是看不到哈勃半径距离以外的任何东西的。

- 普朗克长度：有最大，自然有最小，普朗克长度，是有意义的最小可测长度的标度。普朗克长度由引力常量、光速和普朗克常量的相对数值决定，它大致等于 1.6×10^{-35} 米，即 1.6×10^{-33} 厘米，是一个质子大小的 10^{22} 分之一。在这样的尺度下，经典的引力和时空开始失效，量子效应起支配作用，所以它是"长度的量子"。

宇宙如此之大，要测量宇宙真不是一件容易的事情，为此，科学家想了很多方法。其中比较新的办法是借助造父变星和红移。

宇宙中存在着一类特殊的恒星，叫作"造父变星"。科学家发现，这类特殊恒星的亮度会随着时间推移而发生变化，并且其亮度变化周期与其真实亮度之间存在直接关联。概括地说，就是造父变星的光变周期与其光度之间存在关联，且其光变周期越长，光度越大。换句话说，相比那些较为暗弱的造父变星，那些明亮的造父变星"脉动"的周期更长（一般光变周期可以长达数天）。由于天文学家可以相对容易地测定光变周期，这样他们也就能够得到这颗恒星的真实亮度数据。反过来，只要观察一颗造父变星的亮度，天文学家就能够计算出它们的实际距离。

观测显示，所有的星系都在远离我们，并且距离我们越遥远的星系远离的速度越快，这就是著名的哈勃定律，它背后的本质是宇宙的膨胀。星系远离我们的速度越快，其波长的拉升程度越明显，在光谱中的表现便偏向红端，这被称作红移。那么基于哈勃定律可以发现，星系距离我们越远，它们光谱中表现出的红移量也会越大。现在，人类接收到红移最大的电磁波信号显示其来自138亿光年之外，这是我们能够观察到的最古老的光线，这也在一定程度上向我们透露了宇宙本身的年龄。

138亿光年，已经是一个非常庞大的数据了，但这还不是终结。由于宇宙一直在持续膨胀，并且膨胀的速度非常迅速。天文学家估算，那些从138亿光年外发出光线的古老天体，由于宇宙的膨胀，实际上已经远离我们达到了465亿光年左右，而这只不过是可观测宇宙的半径，扩大一倍，我们就能算出可观测宇宙的直径，大约是930亿光年。

宇宙之大，只能存在于人们的想象中。如庄子《逍遥游》："鲲之大，不知其几千里也，化而为鸟，其名为鹏，……鹏之徙于南冥也，水击三千里，抟扶摇而上者九万里。"

这样大的宇宙，我们应该如何去探索？目前只能展开幻想的翅膀，假设我们有了"曲速引擎"，最终人类将可以突破光速。

曲速引擎是许多科幻小说中虚构的一种快于光速的航天器推进系统，配备曲速引擎的航天器可以以比光速快许多个数量级的速度行进。在这些科学幻想中，集大成者是《星际迷航》，在1999年还出版了一本《星际迷航百科全书》，在这本书中，曲速分为若干等级，其中1级曲速就是光速，而10级曲速目前认为是无法突破的极限，只能无限接近，9.999 9级曲速约相当于光速的199 516倍。按照这个速度飞行，横跨银河系仅需半年时间。

曲速等级表

曲速等级	《星际迷航百科全书》给出的曲速对应的光速倍数
1	1×
2	10×
3	39×
4	102×

曲速等级	《星际迷航百科全书》给出的曲速对应的光速倍数
4.5	150×
5	213×
6	392×
7	656×
8	1 024×
9	1 516×
9.9	3 053×
9.99	7 912×
9.999 9	199 516×
10	无限速度

　　宇宙的浩瀚引领人类无尽的遐想，人类能否利用数学，再一次战胜自然？让我们拭目以待。

第六章
从兵与火到电与数

"兵者，国之大事，死生之地，存亡之道，不可不察也。"《孙子兵法》开篇中的一句话，既强调了军事的重要性，也说明了自古对待战争的严谨态度。不管是战略上还是战术上，认真观察、分析、研究态势，才是制胜之道。

现代战争已经发展到了全面信息化阶段。战场上，不仅是战火纷飞，各种信息也源源不断地产生。卫星、雷达、空中预警机每时每刻都在侦测、传输着来自方方面面的信息，这些信息依托庞大的数据网络，机密地传输、高速地处理、智能地决策，这些都离不开数据技术，也催生了数据技术的革新发展。

1. 弹道计算与现代计算机

数据需要加工，加减乘除，就是最基本的计算，《现代汉语词典》中对计算的解释是"核算数目，根据已知量算出未知量；运算"。人类很早就有了计算的需求，也催生了计算工具的发展。算，在我国古代也写作"筭"（音同"算"），而"筭"的古文为"祘"，是祘的小篆写法。"祘"是个象形字，看上去就是在地上摆弄的一些竹棍，这个是古代的一种计算工具，叫作"算筹"，演化为"筭"，就是一个会意字了，意思是"弄竹"，说的还是摆弄算筹。我国古代人发明了算筹，祖冲之就是用这个东西计算出了圆周率，再后来发明了算盘，一直用到今天。

西方对计算工具的改进到15世纪才开始，意大利著名画家达·芬奇设计了一部齿轮加法器，可惜因条件不足而未能成功。到16世纪，苏格兰数学家耐普尔提出了第一份对数表，并设计了"骨筹"做计算工具。1642年，数学家巴斯卡制成了一台机械式手摇计算机来计算加减数。1671年，德国的莱布尼茨设计了一台计算乘数和加数的分级计算器。1694年，莱布尼茨改善了巴斯卡的手摇计算机，可以进行四则运算。

英国发明家查尔斯·巴贝奇在1812年初次想到用机械来计算数学表，并于1823年设计出了世界上第一台差分机。他将数学中复杂的函数运算转化为差分运算，解决了数学中的难题，这台机器虽然没有制成，但其基本原理在1992年后被应用于"巴勒式"会计计算机上。

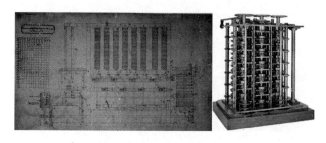

巴贝奇差分机设计图纸和部件

1834年，巴贝奇又发明了分析机，他从提花织机得到启示，设想根据储存在穿孔卡上的数据指令进行任意数学运算的可能性，并设想了现代计算机所具有的大多数其他特性，但因为没有得到政府的资金支持，巴贝奇的计算器未能最终完成。此后，斯德哥尔摩的舒茨公司按他的设计于1855年制造出了一台计算器。巴贝奇的差分机已经初具现代计算机的雏形，所以巴贝奇被誉为"通用计算机之父"。

真正促成了现代计算机发明的是来自战争的需求，研制电子计算机的想法产生于第二次世界大战期间，为了给美国军械试验提供准确而及时的弹道火力表，迫切需要开发一种高速的计算工具，正是在第二次世界大战弥漫的硝烟中，开始了电子计算机的研制。

当时激战正酣，各国的武器装备还很落后，占主要地位的战略武器就是飞机和坦克，因此研制和开发新型坦克和导弹就显得十分必要和迫切。为此，美国陆军军械部在马里兰州的阿伯丁设立了弹道研究实验室。

美国军方要求该实验室每天须为陆军炮弹部队提供6张射表以便对导弹的研制进行技术鉴定。事实上每张射表都要计算几百条弹道，而每条弹道的数学模型都是一组非常复杂的非线性方程组。这些方程组无法求出准确解，只能用数值方法进行近似计算。

1942年，当时任职于莫尔电机工程学院的莫希利提出了试制第一台电子计算机的初始设想——"高速电子管计算装置的使用"，期望用电子管代替继电器以提高机器的计算速度。美国军方得知这一设想，马上拨款大力支持，成立了一个以莫希利、埃克特为首的研制小组开始研制工作、预算经费为15万美元，这在当时是一笔巨款。

十分幸运的是，当时任弹道研究所顾问、正在参加美国第一颗原子弹研制工作的美籍匈牙利数学家冯·诺依曼带着原子弹研制过程中遇到的大量计算问题，在计算机研制过程中期也加入了研制小组。1945年，冯·诺依曼和他的研制小组在共同讨论的基础上，发表了一个全新的存储程序通用电子计算机方案——"离散变量自动电子计算机"，对计算机的许多关键性问题的解决做出了重要贡献，从而保证了计算机的顺利问世。1946年2月14日，世界上第一台现代电子计算机，即"电子数字积分计算机"埃尼阿克，诞生于美国宾夕法尼亚大学，因此，冯·诺依曼被誉为"电子计算机之父"。

在我国导弹事业起步时期，还没有电子计算机，科技人员只能用简陋的手摇计算机进行复杂的弹道计算，那时，一个多月才能算出一条初步弹道。

手摇计算机的计算原理，是通过齿轮转动来完成"加减乘除"四则运算。计算时，先按数字拨动齿轮，每摇一次可完成一次加法，乘法则需摇动多次才能完成。比如，计算"×654.321"，就要移动齿轮6次，用手摇20多次，既耗时又费力。有时候，涉及三角函数和对数函数的运算，计算员还要查阅厚厚的数表。

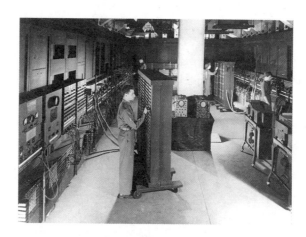

庞大的电子数字积分计算机

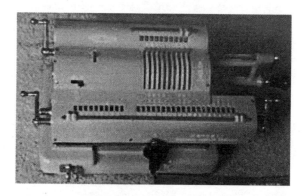

我国科学家使用过的手摇计算机

1956年，周恩来总理主持制定了我国十二年科学技术发展规划，发展电子计算机技术、成立中国科学院计算技术研究所被列为当时的4项紧急措施之一。我国从1957年开始研制通用数字电子计算机，到1958年8月1日，该机可以做短程序运行，标志着我国第一台电子计算机诞生。到2016年，国产"神威·太湖之光"超级计算机以每秒12.5亿亿次的峰值计算能力以及每秒9.3亿亿次的持续计算能力荣登世界最快的计算机榜单之首，直到两年后才被超越。

2. 改变世界的图灵

英国数学家、逻辑学家图灵，被称为"计算机科学之父""人工智能之父"。1931年，图灵进入剑桥大学国王学院，毕业后到美国普林斯顿大学攻读博士学位，第二次世界大战爆发后回到剑桥大学。

第二次世界大战爆发后不久，英国对德国宣战，图灵随即入伍，在英国战时情报中心"政府编码与密码学院"服役。当时，德国研制出了"谜"式密码机Enigma，能将平常的语言文字（明文）自动转换为代码（密文），再通过无线电或电话线路传送出去，即使被截获，对方也只能对着一大堆谜一样的代码束手无策。Enigma被认为是有史以来最为可靠的加密系统之一，从而使"二战"期间德军的保密通信技术处于领先地位。

图灵带领200多位密码专家，研制出名为"邦比"的密码破译机，后又研制出效率更高、功能更强大的密码破译机"巨人"，将"政府编码与密码学院"每月破译的情报数量从39 000条提升到84 000条。图灵和同事破译的情报，在盟军诺曼底登陆等重大军事行动中发挥了重要作用，图灵因此在1946年获得"不列颠帝国勋章"。图灵的贡献还有很多，他最大的贡献还是在可计算性理论方面，奠定现代计算机原理的自动机以他的名字命名为"图灵机"。为了纪念他对计算机科学的巨大贡献，美国计算机协会（ACM）于1966年设立了一年一度的图灵奖，以表彰在计算机科学中做出突出贡献的人，图灵奖也被誉为"计算机界的诺贝尔奖"。

3. 有趣的密码学

1943年，地球另一侧的太平洋战场，美国从破译的日本电报中得知山本五十六将于4月18日乘坐中型轰炸机，由6架战斗机护航，到布因视察。罗斯福总统决定截击山本，随后山本乘坐的飞机在去往布因的路上被美军击毁，机毁人亡，日本海军从此一蹶不振。

密码学的发展直接影响了第二次世界大战的战局，而战争也促进了加密解密技术的快速发展。战后，密码理论得到了蓬勃发展，密码算法的设计与分析互相促进，出现了大量的加密算法和各种分析方法。除此之外，密码的使用也扩张到各个领域，出现了许多通用的加密标准，从而促进了现代网络和信息传播技术的发展。这些算法，用到了很多基础数论中的理论，特别是公钥加密体系（例如，RSA算法、椭圆曲线加密等），是数学研究与现代计算机技术结合的产物。下面介绍其中典型的几种算法。

（1）DES算法

DES算法，即美国数据加密标准算法，是1972年美国IBM公司研制的对称密码体制加密算法。DES是分组密码的典型代表，明文按64位进行分组，密钥长度为64位。

DES设计中使用了分组密码设计的两个原则：混淆和扩散，其目的是抗击敌手对密码系统的统计分析。混淆是使密文的统计特性与密钥的取值之间的关系尽可能复杂化，以使密码分析者无法利用密钥和明文以及密文之间的依赖性。扩散的作用就是将每一明文位的影响尽可能迅速地作用到较多的输出密文位中，以便在大量的密文中消除明文的统计结构，并且使每一位密钥的影响尽可能迅速地扩展到较多的密文位中，以防对密钥进行逐段破译。

（2）MD 5和SHA-1

MD 5即消息摘要算法，是一种被广泛使用的密码哈希函数，可以产生出一个128位（16字节）的哈希值，用于确保信息传输的完整一致。MD 5是由美国密码学家罗纳德·李维斯特设计的。1991年，李维斯特在MD 4的基础上增加了"安全－带子"的概念，开发出技术上更为成熟的MD 5算法。

MD 5算法可以简要地叙述为：MD 5以512位分组来处理输入的信息，且每一分组又被划分为16个32位子分组，经过了一系列的处理后，算法的输出由4个32位分组组成，将这4个32位分组级联后将生成一个128位哈希值。利用这种原理，MD 5就可以为任何文件（不管其大小、格式、数量）产生一个独一无二的"数字指纹"，如果任何人对文件做了任何改动，其MD 5值，也就是对应的"数字指纹"都会发生变化。

（3）RSA算法

1977年，美国麻省理工学院的3位学者提出了第一个较为完善的公开密钥密码算法——RSA算法（以3位发明人的名字首字母命名），这是一种基于大素数因子分解数学难题上的算法。

所谓的公开密钥密码体制就是使用不同的加密密钥与解密密钥，是一种基于"由已知加密密钥推导出解密密钥在计算上是不可行的"这一原理的密码体制。

为提高保密强度，RSA密钥至少为500位长，一般推荐使用1 024位。这就使得加密的计算量很大。为减少计算量，在传送信息时，常采用传统加密方法与公开密钥加密方法相结合的方式，即信息采用改进的DES或IDEA密钥加密，然后使用RSA密钥加密对话密钥和信息摘要。对方收到信息后，用不同的密钥解密并可核对信息摘要。

RSA算法从1978年提出到现在已有40多年历史，其间它经历了各种攻击的考验，逐渐被人们所接受，是目前应用最广泛的公钥方案之一。

第七章
大数据时代

　　大数据一词最早出现在20世纪90年代，是由美国计算机科学家最早创设或者至少最早公开使用的。2010年以来，大数据一词迅速升温，各行各业都从大数据中挖掘出大量有价值的信息，不断推动大数据的研究与应用。今天，数据规模已经从 TB(10^{12})到 PB(10^{15})到 EB(10^{18})再到 ZB(10^{21})，千倍级的增长，使世界迅速地步入大数据时代。

1. 不睡觉的数据

　　大数据是海量、高增长率和多样化的信息资产，它大到无法在一定时间范围内使用常规软件工具进行捕捉、管理和处理，需要新的处理模式才能发挥其更强大的决策力、洞察发现力和流程优化能力。数据科学家归纳出大数据的5V特征：Volume（大量）、Velocity（高速）、Variety（多样）、Value（低价值密度）、Veracity（真实性）。

　　当今世界保有的所有数据中，有90%是在过去几年中产生的。还有个说法，过去两年产生的数据量比此前整个人类历史所产生的数据总量还多。在短短的十几年时间里，地球已经迅速从一个模拟化的世界变成了数字化的世界。

　　互联网上每分钟能产生多少数据？每天呢？ DOMO公司每年都会做一张名为"数据不会睡觉"的图片，量化了在平常的每一分钟里，互联网上所发生的事情，最新的是10.0版，描绘的是2022年的数据。这些数据规模之大令人非常惊讶，举几个例子，在一分钟时间里，谷歌执行了590万条搜索，Youtube用户上传了500个小时的视频，Facebook用户分享了170万条内容，亚马逊用户消费了44.3万美元，Zoom用户在会议中度过了10.46万个小时……这张图还告诉我们，2022年全球的互联网用户已经达到了50亿人次。

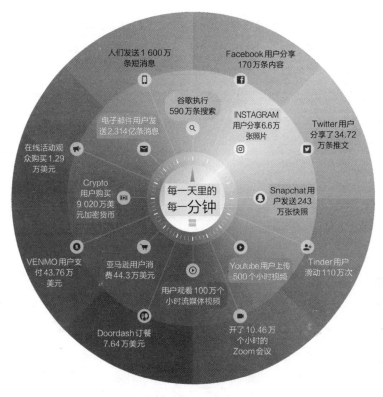

数据不会睡觉10.0版（2022）

2. 数据之大，地球装不下

数据的来源和种类非常之多，包括科学数据、经济数据、社交网络数据、工业数据、交通数据等。借助数据感知设备和互联网、移动网络的发展，数据产生的速度和规模都发生了天翻地覆的变化。

2.1 科学数据

科学数据主要涉及自然科学、工程技术科学等领域，通过基础研究、应用研究、试验开发等产生的数据以及通过观测、监测、考察、调查、检验、检测等方式取得并用于科学研究活动的原始数据及其衍生数据。随着科学设备越来越先进，科学数据量也越来越多，比如，用电子显微镜重建大脑中的突触网络，1立方毫米的大脑中的图像数据就超过1PB。

欧洲粒子物理研究中心的大型强子对撞机LHC是有史以来人类建造的最复杂的机器之一，可研究未知的量子物理世界，它每年产生的数据量达到75PB。

大型强子对撞机位于瑞士日内瓦附近。粒子加速器中拥有非常高的能量密度，在长达27公里的对撞轨道中用来碰撞质子，模拟宇宙诞生之后的物质状态，其中拥有无数探测器来记录这个过程，以用于科学研究。从最基本的意义上来看，它就像一台时间机器。

来自全世界的研究机构和大学的近万名科学家参加了大型强子对撞机上的4个主要实验。这4个实验是，大型离子对撞实验、超环面仪器研究实验、紧凑缪子线圈研究实验、大型强子对撞机底夸克实验。这些实验于2009年投入研究，将探索物理学最前沿的课题，包括寻找物质质量起源的希格斯粒子、反物质、暗物质、暗能量及超对称粒子等。到2012年年底为止，这些实验已经积累了超过200PB的数据，而且实验将持续20年以上。

2018年的每一次运行中，大型强子对撞机在4个主要实验（ATLAS、ALICE、CMS和LHCb）中的每一个实验里，每秒产生大约

24亿次粒子碰撞，每次碰撞可以提供约100MB数据，因此预计年产原始数据量约为40ZB。

大型强子对撞机累积的实验数据需要进行分析处理，这对计算系统是一个巨大的挑战，而世界各地的数千名科学家都希望了解并分析这些数据。为了解决这个问题，欧洲粒子物理研究中心建设了一个分布式的计算和数据储存设施——大型强子对撞机开放网络环境。这个由欧洲粒子物理研究中心组织发起，全球多个国家和地区的高能物理研究机构及全球科研教育网络运营商共同参与的项目，采用虚拟专用网络技术和灵活的网络调度技术，将为大型强子对撞机实验数据的全球交换和共享提供更加优质、高效、稳定的网络环境。

随着大型强子对撞机开放网络环境的推广和成功应用，该虚拟网络环境不仅为大型强子对撞机的科研数据提供服务，也为具有全球数据共享需求的其他高能物理实验，如日本的Belle II提供数据交换服务。同时，大型强子对撞机开放网络环境也在互联网络性能检测、未来网络技术与架构等方面开展全球合作。

浩瀚苍穹，带给人类永恒的好奇，仰望星空，离不开功能强大的望远镜。与传统的光学望远镜不同，射电望远镜天线收集天体的射电辐射，接收机将这些信号加工并转化成可供记录、显示的数据形式，终端设备再把数据记录下来，并按特定的要求进行处理然后加以显示。

"中国天眼"500米口径球面射电望远镜，简称FAST，位于贵州省黔南布依族苗族自治州平塘县克度镇的喀斯特洼坑中，是我国重大科技基础设施。

FAST能帮助人们捕捉到更多来自宇宙的信息，这也意味着"天文级"的海量数据存储和复杂的计算要求。FAST巡天一圈，耗时20天左右。建设早期，FAST的计算性能需求就要达到每秒200万亿次以上，存储容量需求达到10PB以上。FAST捕获的海量数据，通过光纤专线从FAST所在地区直接连到了100多公里外的贵州师范大学内。由中国科学院国家天文台和贵州师范大学合作建立的FAST早期科学数据中心，则负责将实时传送到这里的海量数据进行存储、计算和筛查。

"中国天眼"FAST

FAST捕捉到的这些海量宇宙原始数据，经过十几年甚至几十年也可能有新的发现，所以这些宝贵的数据需要长时间保存。因此，随着时间的推移和科学任务的深入，FAST对计算性能和存储容量的需求都将出现爆炸式增长，数据量和计算量都将"大得惊人"。

2018年，FAST安装了国际上首台19波束L波段馈源接收机。这台目前国际上最先进的设备启用后，FAST巡天速度将提高5～6倍，同时，也将拓展更多的科学观测目标。届时，FAST周围还将建设若干30米至50米口径射电望远镜，组成"天眼阵"以提高分辨率，从而获得射电源更精确的定位图像。19波束接收机每天将产生原始数据约500TB，处理后会压缩到50TB，按照每年运行200天计，将产生约10PB的超级数据，这对FAST早期科学数据中心的存储和超算能力都将是一个严峻的考验，未来10年，预计FAST产生的数据量将达到100PB。

在澳大利亚、南非以及南部非洲的8个国家，2020年开始建设的世界最大的综合孔径射电望远镜——平方千米阵，简称SKA。SKA由全球十多个国家合资建造，中国是发起国之一。

SKA建成后，有望揭示宇宙中诞生的第一代天体，重现宇宙从黑暗走向光明的历史进程；有望以宇宙最丰富元素"氢"为信使，绘制宇宙最大的三维结构图；有望发现银河系几乎所有的脉冲星、发现来自超大质量黑洞产生的引力波、重建宇宙磁场的结构、探知宇宙磁场的源头；还有望揭开原始生命的摇篮，寻找茫茫宇宙深处的知音……

平方千米阵

SKA不仅承载孕育世界级科研成果的使命，还将产生世界上前所未有的超大数据量。据估计，仅按照其全部规模的10%来建造的第一阶段，科学处理器所需要的计算能力就相当于我国超级计算机"天河二号"的8倍、"神威·太湖之光"的3倍。如此庞大的数据还需要深度分析和加工后才能被科学家使用，这些工作要由分布于几大洲的区域数据中心合作完成。

2.2 人造数据

海量的用户是互联网公司得以成功的根本，成功的业务离不开海量用户的支持。中国互联网络信息中心发布的第50次《中国互联网发展状况统计报告》数据显示，截至2022年6月，中国网民总数已达10.51亿人，其中，短视频用户规模增长最为明显，达9.62亿人，即时通信用户规模达到10.27亿人，网络新闻用户规模达到7.88亿人，网络购物用户规模达到8.41亿人，网络支付用户规模达到9.04亿人，这是中国互联网企业得以生存的基础。

互联网企业在拓展市场的初期阶段，都经历了各种争夺用户的疯狂时期。2016年6月7日，饿了么平台宣布交易平台日订单量首次突破500万，入驻全国700多个城市，平台用户量超过7 000万人。实际上，早期的饿了么平台就通过在著名的上海交通大学BN（战网）上播放广告，使用户数开始大大提升，因为他们抓住了最需要外卖的群体——宅着打游戏的人。

然而，花大价钱积累的用户，能否"黏住"，能否成为长期的、忠诚的用户，取决于互联网企业如何为用户提供好的、个性化的服务，这是一个更大的挑战。互联网公司的数据天性，决定了他们要尽可能多地收集用户的数据，并以数据作为服务的基础。

航旅纵横是中国民航信息集团2012年推出的一款民航出行服务App，为旅客提供从计划出行到抵达目的地全流程的完整信息服务。这个App聚合了用户出行前、出行中、到达后的几乎所有与航空旅行有关的数据。有了这些数据，航旅纵横可以执行精准的动态分析与预测，包括前序航班信息、出发机场天气、到达机场天气、航路天气、机场能见度、机场流量、历史准点率、客座率等，并提前数小时把结果提供给用户；并且，基于对用户数据的分析，还可以做到针对场景的千人千面。正是数据的支持，使这些App可以"黏"住上千万名用户。这充分说明了互联网创造数据的强大能力。

2.3 交通数据

中国铁路售票系统12306是我国有史以来最大的在线售票系统，2018年春运期间，12306系统的日售票能力负载达到1 500万张，2018年1月24日这一天，日售票峰值达到1 381.8万张，日点击量峰值达到

1 577.8亿次。巨大的数据量需要超常的数据处理系统，为此，12306系统的维护人员做了大量的工作。

中国铁路独特的春运模式给票务系统设计带来了很大的困难，12306系统在春运售票高峰期间的访问流量（PV值）和平时访问流量存在高达上千倍的差异。面对海量的峰值请求，如不能在短时间内动态调整网络带宽或增加服务器数量，就会造成网络阻塞或者服务器性能无法满足要求，甚至造成整个系统崩溃。

因为春运期间的业务量是平时业务量的10倍，不可能以高峰期的业务量标准来建设网站，12306系统的运行策略是在峰值来临之前，把流量、用户访问等业务需求推到云端，在春运期间集中释放出来，这样就实现了日常需求与高峰期之间的平衡。2015年春运售票高峰前，12306系统做了整体架构上的改进。

一是利用外部云计算资源（阿里云）分担系统查询业务，以根据高峰期业务量的增长按需及时扩充。适合放在公有云端提供服务的主要有Web服务、应用服务缓存和余票查询/计算这三大服务器集群，其中余票查询/计算业务最耗系统资源（占据12306系统整体流量的90%）。通过在阿里云上部署数百台虚拟机分流了余票查询75%的流量。

二是通过云计算平台虚拟化技术，将若干服务器的内存集中起来，组成海量的内存资源池，将全部数据加载到内存中，进行内存计算。计算过程本身不需要读写磁盘，大大提高了计算速度，只是定期将数据同步或异步写到磁盘。

依托大量实时数据，智慧交通已在全国许多座城市扎根生长，从智慧引导屏、智慧信号灯等智慧交通项目着手，优化城市交通管理，缓解道路拥堵，为市民提供更好的出行服务。现在，出门前查一下拥堵指数，可以预知交通状况。

在萧山，阿里搭建了一个模型，通过视频数据分析来控制红绿灯时间，以此来提升行驶速度。从后期实际的数据统计来看，一条有七八个路口的主干道，在最快的时候，大概能将通行速度提升十几个百分点，最慢的时候也能提升4个百分点。而这些，几乎是在没有增加投入的基础上实现的，仅仅是利用了已有的设备和数据。

2.4 商业数据

世界经济的真正规模有多大？没有数字做参考可能很难有一个直观的概念。哈佛大学国际发展中心对15万亿美元的国际贸易做了可视化，以给出全球经济复杂度的全景展现，可以动态可视化查看。2020年，中国出口总额达到2.81万亿美元，占全球出口总额的15.8%，稳居世界第一大出口国地位。

中国消费互联网目前也已经成长为一个庞然大物。2017年天猫双11当天，仅花费1小时00分49秒，成交额就突破了571亿元，超过2014年全天成交额。而与2009年第一次双11相比，2017年第一小时的成交金额更是惊人地达到了前者的6 000倍。电商背后是数据处理能力，2017年双11的支付峰值达到25.6万笔/秒，比2016年增长超1.1倍，再次刷新全球纪录，同时诞生的还有数据库处理峰值——4 200万次/秒。两分钟后的第7分23秒，支付宝的支付笔数突破1亿笔，这相当于2012年双11全天的支付总笔数。

2.5 工业数据

企业对数据的积累其实更为久远，有些甚至可以追溯到20世纪60年代信息技术开始在企业广泛应用的进程中。经过几十年的积累，企业积累的数据体量也颇为庞大，从IDC等关于美国各行业2009年数据存储量的数据统计中我们可以看到，各行业中保有数据量最大的是离散制造业，有多达966PB的数据，超过了政府848PB的数据保有量。另外，流程制造行业也有多达694PB的数据，居第四位。麦肯锡全球研究院的报告《大数据：创新、竞争和生产力的下一个前沿领域》显示，在美国的17个业务领域中，有15个领域的公司的数据存储量比美国国会图书馆还多，这些大数据主要来自全球数十亿笔的交易。沃尔玛就是一个典型实例。这一零售业巨擘每小时要处理超过100万笔客户交易，其数据库估计包含超过2.5PB的数据，相当于美国国会图书馆全部书籍中所含信息的167倍。另外，诸如英特尔等企业每天记录的有关其客户、供应商和业务运营的信息量也非常庞大。大数据正从原来的存储难题，转变为新的战略性资产，成为可以为业务各方面提升洞察力的"金矿"。

工业大数据是工业数据的总称，包括企业信息化数据、工业物联网数据以及外部跨界数据。工业从来不单纯追求数据量的庞大，而是通过系统化的数据收集和分析手段，进行数据分析、需求预测、制造预测，利用数据去整合产业链和价值链，实现价值的最大化，这就是工业大数据的思维。新工业革命时代将价值链进一步延伸，以产品作为服务的载体，以使用数据作为服务的媒介，在使用过程中不断挖掘用户需求的缺口，并利用数据挖掘所产生的信息为用户创造价值。

以风力发电为例，风机本身的差异化并不明显，用户的定制化需求也并不强烈，但是风机在运行过程中的发电能力、运行稳定性和运维成本等却是价值核心。利用风机的运行大数据可以对风机进行健康管理、对潜在的运行风险进行预测和对风场的运维进行优化，从而提升风机的可用率，改善发电效率和降低运维成本。风机的制造厂商也可以不再仅仅通过卖出装备获得一次性的盈利，还可以通过向用户提供使用过程中的增值服务实现持续性的盈利。例如，金风科技对3个月风机做功情况进行建模，分析获得风机迎风角和发电量的变化模式，判断是否需要进行调整，经过对测风数据扫描，发现高达32.51%的风机存在4度以上对风偏差。他们使用测风仪数据调整偏航角度，以保证风机最大迎风角发电，矫正后每台风机每年可多发电3.13万元，按照企业现在保有1.5

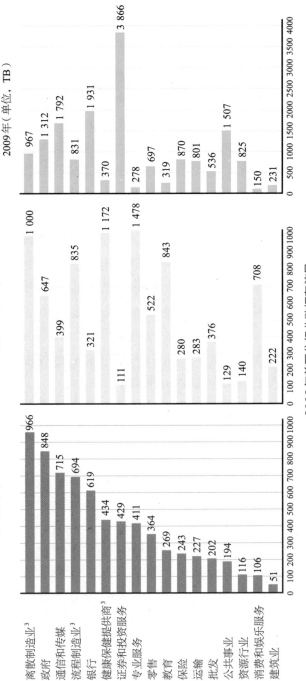

2009年美国分行业数据存储量

资料来源：麦肯锡全球研究院。

万台风机的总量计算，这一技术将给业主每年带来超过1.5亿元的经济效益。

类似的例子还有通用电气利用Predix云为得克萨斯州一家风力发电厂所做的优化。这家企业拥有273台涡轮机，通过优化成功地将年发电量提高了3%～5%——相当于增加了21台新的涡轮机。

工业大数据将制造延伸到设备的使用和售后服务过程。如今，越来越多的产品上安装了各种各样的数据传感器，可以实时地收集各种数据，使产品变得越来越智能。以汽车为例，虽然行车控制系统早在十几年前就已经装备到了汽车上，但早期所捕捉的汽车数据只是储存在车体的控制主板中，主要用于汽车故障的诊断，而且这些数据覆盖的范围和数据量也很小。今天，许多车辆已经可以实时地接入互联网中，实现数据的实时上传。汽车数据也像其他数据一样爆发，从一股涓涓细流变为大江大河。

3. 小数据成就大

小数据，或称个体资料，是指具有高价值的个体的、高效率的、个性化的信息资产。

现在，各种设备正在收集个人一举一动的数据，比如，智能家电、计算机、智能手机、平板电脑、可穿戴式产品等，通过数据整合和可视化的方式，这些小数据可以让你更了解你自己。比较成熟的如运动手环、智慧手表等可以收集身体信息，告诉你每天的运动量如何。但小数据能提供的信息不止于此，多种数据综合分析还可以获取诸如个人的饮食习惯、阅读习惯、消费分析及个人财务等信息。实际上小数据不仅是关于个体的数据，企业里那些局部而具体的业务数据，比如，一份企业报表、一张工资条、企业与供应商在一次采购业务中的订单，与具体的产品、订货时间、价格、数量都有关系，也都是小数据。

　　大量的小数据最终汇聚成大数据，从而呈现出数据的整体特征。社交网络中，每个个体的表现千差万别，比如，微博中的粉丝数，多的如影视明星可能有数千万粉丝，少的如普通网民可能也就几十个，但如果把所有人的粉丝数据汇聚到一起，就明显表现出幂律特征。社交网络还有两个著名的特征：六度分隔和邓巴数，六度分隔说的是你在社交网络上，从一个人到另一个人之间，最多只有"6跳"左右的距离。而邓巴数说的是，人的一生大概只能和150个人保持密切的联系。这些就是大数据所揭示出来的规律性。有时候，我们可以直接汇聚小数据用于决策和调度，比如说，出租车公司需要将车辆动态调度到打车人多的地方，过去还是通过交通广播或者车载电台询问哪儿人多，哪儿车少。现在查看网约车数据汇聚成的车辆和乘客位置热力图，车辆分布便一目了然。

　　小数据本身也很重要，大数据的优势在于基于完整的全局样本，但也有价值稀疏的弱点，需要高成本的数据分析。而小数据，由于经过清洗与加工，本身数量不大，但是数据质量很高，同样具有重要价值。企业业务系统中的管理、运营数据，经过层层校对，也是值得重视的小数据。2009年，人类学学者特雷西亚·王在对打工者、街头小贩等低收入人群调研数月之后，给当时的雇主诺基亚公司写了一份详尽的市场报告，告诉公司高层自己观察并捕捉到的大量有价值的市场信号——低收入者已经准备好为更为昂贵的智能手机买单——建议诺基亚增加投入，研发价格适中、面向低收入者的智能手机。诺基亚总部本来还挺欣赏特雷西亚的报告，但看到她的调查样本只有100份的时候就纠结了，最后干脆放弃了，因为和他们成百万甚至上千万的样本量相比，特雷西亚的报告完全微不足道。后面的事情大家显然都知道了，2013年11月11日，将诺基亚收于麾下的微软发布了首款自主品牌的手机——Lumia 535，这也标志着诺基亚品牌彻底告别智能手机市场。

　　现在流行的大规模定制生产模式，利用社交网络让用户深度参与产品的研发过程。在一款产品最初的产品创意阶段，15万名社区用户参与互动，收集了1.5万条的交互意见，这些来自个体的小数据，汇聚成群体智慧，用于寻找新产品开发的创意。随后675位用户、6家模块供应商、25位设计师深度参与设计过程，最终经过技术攻关和5次设计迭代，这款新产品得以产生并投入制造。在后续的迭代升级中，又有3 630位用户参与和贡献迭代意见。这个过程中，每个人的小数据也许个性十足，但汇聚起来就反映出具有商业价值的产品需求趋势。

小数据的重要性还在于必须由它直接驱动业务。数据驱动的业务系统就如同生命体的神经网络系统，既有中枢神经、主干神经，也有周围神经系统和传出神经纤维，还有深入机体每个角落负责感知的神经末梢。来自机器的感知数据、来自业务系统和外部市场的采集数据，具体而局部，就像涓涓细流汇集到企业数据空间中。而经过加工、分析处理后，向外驱动的数据需要再分解成若干具体的小数据，下沉分发到具体的业务系统，驱动各项业务的执行。

对企业系统来说，大数据带来的决策价值无疑是宝贵的，但这些决策同样需要底层系统的执行。比如，客户定制一台汽车，它的发动机、内饰、轮胎、音响可能都是个性化选装的，采用传统的单件定制当然可以，但无疑会带来高昂的成本。而采用大规模定制生产方式，这台车仍然在流水线上批量化生产，成本没有提高，不过由于是混线生产，所需的是要精确、准时地将顾客选装件配送到生产线上特定的工位。这背后就需要将设计、采购、生产、装配、包装、物流等各环节的小数据精确地计算和分发下去。

4. 大数据服务小

大数据的挖掘是从海量的、不完全的、有噪声的、模糊的、随机的数据中发现隐含在其中的有价值的、潜在有用的信息和知识的过程。大数据所采集的特征，最终可以揭示小数据所不能揭示的事物背后的成功因素。然而，这些因素要有能够转化为真金白银的价值，还要回馈到个体。

导航软件通过汇总车辆实时位置大数据了解交通状况，帮助车辆规划交通路线，并由此体现出其价值。乳品公司记录收奶时间、生牛奶的产地/时间以及加工环节的每一个中间环节，同时还记录包装、仓储和物流的每一次周转，只为最后可能因一袋牛奶的质量问题而回溯整个生产过程。

用户画像是目前应用非常广泛的一项技术，它通过收集与个体相关的各种属性数据、行为数据、社交数据等，全方位地描述一个人的客观表现，有时候可能比本人对自己的理解更为清楚。比如，你在社交媒体浏览新闻时，并没有刻意地选择内容的种类，但是新闻类App的后台系统则精确地捕获了你的喜好，并不断给你推送你想看的内容，增加你在App上驻留的时间，这实际上是基于你个人每次浏览新闻的大数据，经过一段时间的积累，你的数据就反映了你的偏好。

用户画像可以用来精确定位客户，比如，银行业务中，可以根据不同的用户数据将客户分成以下几类：

- 潜在理财客户：定期将工资/收入转到余额宝＋理财App的高度活跃用户；
- 潜在消费贷款客户：年龄＋收入＋工资账户余额＋电商App活跃＋理财App不活跃＋贷款App活跃；
- 潜在分期用户：年龄＋收入＋工资＋月还款金额＋还款时间；
- 潜在购房用户：年龄＋收入＋无房产＋出现在房产销售区域＋出现在学区房区域＋学龄前子女；
- 潜在购车用户：年龄＋收入＋无车＋汽车类App高度活跃用

户＋汽车论坛发言＋出现在4S店；

- 潜在外币用户：境外消费/机场位置＋旅游App高度活跃用户＋境外游社交数据。

再比如保险业务关注的用户画像分类：

- 潜在车险客户：使用车用App较为活跃；
- 潜在意外险客户：商旅客户/户外运动客户/危险行业客户（危险行业从业、存在飙车等行为）；
- 潜在养老保险用户：年龄＋收入＋职业；
- 潜在人寿保险用户：年龄＋收入＋职业＋家庭信息；
- 潜在重大疾病保险用户：年龄＋收入＋职业＋家庭信息＋就医；
- 潜在旅游保险用户：商旅客户/户外运动客户/旅行位置信息。

最终，大数据作用于个体以体现出其价值。

第二部分

走进数据的世界

第八章
概率与数据分布

　　人们在日常生活中普遍受到以数量信息为基础的决策论的影响。除那些可以精确感知和测量的数据以外，人们也常常会遇到一些不确定的数据，要么出于好奇，要么出于事件处理的需要，人们需要推断这些"不确定"的数据。比如，自古战争都是"知己知彼，百战百胜"，能"知"固然好，不能知也有办法，那就是"料敌制胜"，这里的"料"，其实就是推测和估计。

　　经过漫长的观察，人们发现涉及可能性或发生机会等概念的事件，其发生和发展是有规律可循的，一个事件的可能性或一个事件的发生机会是与数学有关的，我们称这种可能性为概率。得益于概率论的创立和发展，现在，基于假设试验与假设检验等的一系列科学方法已经在数据处理领域得到广泛的应用。

1. 揭示数据的规律

　　我们日常所见所闻的事件大致可分为两种：

　　一种是在一定条件下必然发生的事件。如太阳从东方升起，在标准大气压下，水在100℃时会沸腾，我们称这些事件为必然事件。

　　此外，还有大量事件的发生或者不发生是无法确定的。如明天的气温比今天的低、掷一枚硬币得到正面向上的结果。我们常说"足球是圆的"，那就是因为谁也说不准球场上的胜负。这种可能发生也可能不会发生的事件被称为随机事件。

随机事件是指在相同条件下，可能出现也可能不出现的事件。例如，从一批有正品和次品的商品中，随意抽取一件，"抽得的是正品"就是一个随机事件。反映随机事件出现的可能性大小的量度就叫作概率，亦称"或然率"。如果对某一随机现象进行了n次实验与观察，其中A事件出现了m次，即其出现的频率为m/n。经过大量反复实验，会发现m/n越来越接近某个确定的常数。该常数即为事件A出现的概率。这背后还有一个大数定律在起作用，不太严格地论述这个定理就是，在不变的实验条件下，重复实验多次，随机事件的频率近似于它的概率。在看似偶然中似乎又包含着某种必然。

概率论的研究始于意大利文艺复兴时期，当时，赌徒梦想找到掷骰子决定胜负的规则，就向学者卡尔达诺请教，卡尔达诺死后才出版的《论赌博游戏》一书中有很多给赌徒的建议，此书被认为是第一部概率论著作，他对现代概率论有开创之功。

17世纪，法国贵族德·梅勒在骰子赌博中，有急事必须中途停止赌博。双方各出的30个金币的赌资要靠对胜负的预测进行分配，但不知用什么样的比例分配才算合理。德·梅勒写信向当时法国最具声望的数学家帕斯卡请教，问题主要是两个：掷骰子问题和比赛奖金分配问题。帕斯卡又和当时的另一位数学家费尔马长期通信讨论。于是，一个新的数学分支——概率论产生了。

早期这种从掷硬币、掷骰子和摸球等赌博游戏中开始的概率研究所针对的问题有两个共同特点：一是实验的样本空间（某一实验全部可能结果的各元素组成的集合）有限，如掷硬币有正、反两种结果，掷骰子有6种结果等。二是实验中每个结果出现的可能性相同，如硬币和骰子各面均匀的前提下，掷硬币出现正、反面的可能性各为1/2，掷骰子出现各种点数的可能性各为1/6。具有这两个特点的随机实验称为古典概型或等可能概型。给一个严谨的定义，如果一个实验满足两种条件：

（1）实验只有有限个基本结果；

（2）实验的每个基本结果出现的可能性是一样的。

这样的试验便是古典实验。

计算古典概型概率的方法称为概率的古典定义或古典概率。古典概率由于所针对的随机事件中各种可能发生的结果及其出现的次数都可以由演绎或外推法得知，而无须经过任何统计实验，所以通常又叫事前概率。

但是，随着人们遇到问题的复杂程度的增加，等可能性逐渐暴露出它的弱点，特别是对同一事件，可以从不同的等可能性角度算出不同的概率，从而产生了种种悖论。另外，随着经验的积累，人们逐渐认识到，在做大量重复实验时，随着实验次数的增加，一个事件出现的频率，总在一个固定数值的范围内摆动，显示一定的稳定性。奥地利数学家、空气动力学家米泽斯把这个固定数值定义为该事件的概率，这就是概率的频率定义。从理论上讲，概率的频率定义是不够严谨的。

17、18世纪，研究概率的数学家群星闪耀，包括后世大名鼎鼎的数学家莱布尼茨与雅各布·伯努利。雅各布·伯努利是著名的伯努利家族9位数学家中的一个，他们都赢得了卓越的声誉，其中雅各布的兄弟约翰·伯努利，侄子尼古拉·伯努利与丹尼尔·伯努利都成为世界知名的数学家。第一篇广受关注的概率论论文就是由雅各布·伯努利写出的，他详细地阐述了大数定律的原理，尼古拉·伯努利把概率的概念用于法律问题，而丹尼尔·伯努利则把概率的计算用于流行病学与保险学的研究。

同一时期，也是统计学大发展的时期，上一章提到配第和格朗特开创和发展了政治算术学派，E. 哈利继承了这项工作，他发展了死亡表，被称为"开创生命统计科学的人"。棣莫弗说明了复合事件的概率程序，由概率原理导出排列与组合理论，并奠定了生命意外事故科学的基础。1733年他在求二项分布的渐近公式中得到正态曲线方程，后世很多的归纳统计学理论都以此为基础。

常见的正态曲线经常称为"拉普拉斯曲线""高斯曲线"或"高斯－拉普拉斯曲线"，以表示对拉普拉斯与高斯的敬意。高斯由重复度量同一个量所出现的误差，推导出了正态曲线方程，他还发明了最小化方法并发展了观察误差理论。而拉普拉斯的最大贡献是把统计学应用于天文学，并与 A. M. 勒让德一起，把偏微分方程用于概率研究。1815年"概差"一词第一次出现在德国天文学家、数学家、天体测量学的奠基人之一的贝塞尔的著作中，他也发展了仪器误差理论。此外，S. D. 泊松发展了以他本人名字命名的分布，即泊松分布。

在统计学发展的支持下，产生了概率的统计定义：在一定条件下，重复做 n 次实验，n_A 为 n 次实验中事件 A 发生的次数，如果随着 n 逐渐增大，频率 n_A/n 逐渐稳定在某一数值 P 附近，则数值 P 称为事件 A 在该条件下发生的概率。这个定义称为概率的统计定义。

在历史上，第一个对"当实验次数 n 逐渐增大，频率 n_A 稳定在其概率 P 上"这一论断给以严格的意义和数学证明的就是雅各布·伯努利。

在19世纪90年代以前，统计理论和方法的发展还很不完善，统计资料的收集、整理和分析都受到很多限制。进入20世纪，英国数学家、生物统计学家卡尔·皮尔逊做了很多开创性的工作，被誉为"现代统计科学的创立者"。皮尔逊建立了后来所称的极大似然法，把一个二元正态分布的相关系数最佳值 p 用样本积矩相关系数 r 表示，被称为"皮尔逊相关系数"。

值得一提的是，皮尔逊对"相关"这个概念十分着迷，认为这是一个比因果性更为广泛的范畴，这与当下大数据研究领域的思想非常一致。

2. 神奇的数据分布

在概率论和统计学中，概率分布是一种数学函数，它提供了实验中不同可能性的结果发生的概率。在应用中，数据的概率分布则是根据事件概率对随机现象的描述。例如，x 用于表示抛硬币"实验"的结果，结果只有两种，"正面"或"反面"，那么 x 的概率分布对于"x＝正面"的取值为 0.5，对于"x＝反面"的取值也是 0.5（假设硬币是公平的）。

数据分布的特征可以从 3 个方面进行测度和描述：

① 分布的集中趋势。反映各数据向其中心值靠拢或聚集的程度；

② 分布的离散程度。反映各数据远离其中心值的趋势；

③ 分布的形状。反映数据分布的偏态和峰态。

人们先是从数据统计中观察到某些特殊的数据分布，经过研究，发现了这些分布背后的特点，继而利用这些分布去判断数据是否异常。比如说，一次考试，按照一般规律，学生的成绩应该基本呈正态分布，即优秀的和差的成绩应该都比较少，大多数成绩应该聚集在一个居中的位置。如果某次成绩不符合正态分布，那很可能是考题的难易程度没有把握好，或者学生整体学习效果不佳。

2.1 正态分布

第一个被数学家注意到的数据分布是正态分布，正态分布曲线呈钟形，两头低、中间高、左右对称。因其曲线呈钟形，因此人们又经常称为钟形曲线。

正态分布也称为高斯分布，这个高斯就是享有"数学王子"之称的约翰·卡尔·弗里德里希·高斯，德国著名数学家、物理学家、天文学家、大地测量学家、近代数学奠基者之一。高斯也被认为是历史上最重要的数学家之一，与阿基米德、牛顿并称为世界三大数学家。

虽然被称为高斯分布，但正态分布并不是高斯最早提出来的，正态分布的概念是由德国的数学家和天文学家棣莫弗于1733年在研究掷硬币的问题中首次提出的，他使用正态分布去估计大量抛掷硬币出现正面次数的分布，但当时并没有对这一现象进行命名。法国数学家拉普拉斯进一步扩展了棣莫弗的理论，指出二项分布可用正态分布逼近，这就是中心极限定理的早期论述。

1801年1月，谷神星被发现，但这颗新星是彗星还是行星。这成为当时学术界关注的焦点。高斯创立了一种新的行星轨道计算方法，用1个小时就计算出了行星的轨道，并预言了谷神星在夜空中出现的时间和位置。1801年12月31日夜，德国天文爱好者奥伯斯在高斯预言的时间里，用望远镜对准了预言中谷神星将会出现的天空，果然看到了谷神星！高斯因此声名大振。

到了1809年，高斯系统地完善了相关数学理论后，将他的方法公之于众，而其中使用的数据分析方法，正是运用他创立的极大似然估计方法以及马里·勒让德提出的最小二乘法所推导出的正态分布。高斯的这项工作对后世影响极大，使正态分布同时有了"高斯分布"的名称，后世之所以多将最小二乘法的发明权归之于他，也是出于这一项工作。

高斯一生成就极为丰硕，对数论、代数、统计、分析、微分几何、大地测量学、地球物理学、力学、静电学、天文学、矩阵理论和光学皆有贡献，以他名字"高斯"命名的成果多达110个，属数学家中之最。高斯头像曾经被印到了德国10马克钞票上，其上还印有正态分布的密度曲线。这充分说明，正态分布在高斯众多的科学贡献中，是最重要的一项成就。

1810年，拉普拉斯将高斯的工作与他发现的中心极限定理联系起来，指出如果误差可以被看成许多量的叠加，根据他的中心极限定理，误差应该呈现高斯分布。这是历史上第一次提到所谓"元误差学说"——误差是由大量的、由种种原因产生的元误差叠加而成。高斯和拉普拉斯的工作，为现代统计学的发展开启了一扇大门。其后建立在正态分布和中心极限定理基础上的数理统计学快速发展起来，并成为众多科学学科必备的研究和分析方法。

下面给出高斯分布的数学定义，一般正态分布的概率密度函数为：

$$f(x) = \frac{1}{\sigma\sqrt{2\pi}} e^{-\frac{(x-\mu)^2}{2\sigma^2}}$$

其中，μ、σ分别为均值和标准差。

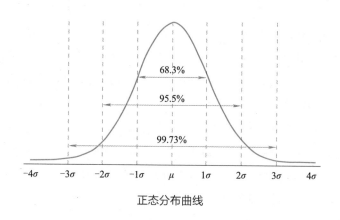

正态分布曲线

在正态分布曲线图中可以看到，靠近均值μ的概率分布值最高，两侧无限延伸。要取到50%概率，横轴半区间长度约为0.674 489 75σ；横轴区间（$\mu-\sigma$，$\mu+\sigma$）内的面积为68.268 949%，横轴区间（$\mu-2\sigma$，$\mu+2\sigma$）内的面积为95.449 974%，横轴区间（$\mu-3\sigma$，$\mu+3\sigma$）内的面积为99.730 020%，说明在均值左右各3σ的狭小区间内已经覆盖了99.73%的分布。著名的六西格玛管理法即由此得名，测量出的σ表示诸如单位缺陷、百万缺陷或错误的概率，σ值越大，缺陷或错误就越少。而6σ是一个目标，这个质量水平意味着所有的过程和结果中，99.999 66%是无缺陷的，也就是说，做100万件事情，其中只有3.4件是有缺陷的，这几乎趋近到人类能够达到的最为完美的境界。

2.2 泊松分布

日常生活中，大量事件是有固定频率的。

- 某医院平均每小时出生3名婴儿；
- 某公交车站平均每10分钟来1辆公交车；
- 某商场平均每天销售40台冰箱；
- 某网页平均每分钟有200次点击。

这些事件的共同特点是，我们可以预估这些事件的总数，但是没法知道具体的发生时间。泊松分布就是描述某段时间内，事件具体的发生概率。

"描述单位时间内随机事件发生的次数的概率分布"，前提是我们需要知道某段时间内事件发生的平均值。比如，我们在观察通过十字路口的人的数量，假设我们已经知道每分钟内平均通过5人。那么我们就能知道1分钟内通过1人的概率。

可以再举出一些例子，某一服务设施在一定时间内收到的服务请求的次数、电话交换机接到呼叫的次数、汽车站台的候车乘客人数、机器出现故障的次数、自然灾害发生的次数、DNA序列的变异数、放射性原子核的衰变数、激光的光子数分布等。万变不离其宗，这些例子其实都是讲单位时间内发生事件的次数的概率。

那么，泊松分布的现实意义是什么，为什么现实生活中的例子多数服从于泊松分布？

举一个例子，已知平均每小时出生3个婴儿，请问下1小时会出生几个？

有可能一下子出生6个，也有可能一个都不出生。这是我们没法知道的。但是借助泊松分布的公式，我们就能计算符合泊松分布的时间的概率，计算公式如下：

$$P[N(t) = n] = \frac{(\lambda t)^n e^{-\lambda t}}{n!}$$

公式中等号的左边，P表示概率，N表示某种函数关系，t表示时间，n表示数量，1小时内出生3个婴儿的概率，就表示为$P[N(1) = 3]$。等号的右边，λ表示事件的频率，已知$\lambda = 3$。

有了这个公式，概率就可以算出来：

- 接下来2小时，一个婴儿都不出生的概率是0.25%：

$$P[N(2) = 0] = \frac{(3 \times 2)^0 e^{-3 \times 2}}{0!} \approx 0.002\,5$$

表明这一事件基本不可能发生。

- 接下来1小时，至少出生两个婴儿的概率是80%：

$$P[N(1) \geqslant 2] = 1 - P[N(1) = 1] - P[N(1) = 0]$$

$$= 1 - \frac{(3 \times 1)^1 e^{-3 \times 1}}{1!} - \frac{(3 \times 1)^1 e^{-3 \times 1}}{0!}$$

$$= 1 - 3e^{-3} - e^{-3}$$

$$= 1 - 4e^{-3}$$

$$\approx 0.800\,9$$

表明这一事件极有可能发生。

这样算下去，我们可以得出泊松分布的图形，大概是下图的样子。

从图中可以看到，在频率附近（平均每小时出生3个婴儿），事件的发生概率最高，上面例子中，下1小时出生3个婴儿是最可能的结果，出生数量越多或越少，就越不可能。这就是泊松分布的意义，也就是说，未来某件事件具体的发生概率呈现以频率为均值的正态分布。

简要回顾一下泊松分布的发现历史。西莫恩·德尼·泊松是法国数学家、几何学家和物理学家。泊松的科学生涯开始于研究微分方程及其在摆运动和声学理论中的应用，他的工作特色是应用数学方法研究各类物理问题，并由此得到数学上的发现。泊松对积分理论、行星运动理论、热物理、弹性理论、电磁理论、位势理论和概率论都有重要贡献。泊松分布是1837年泊松在他所著的关于概率论在诉讼、刑事审讯等方面应用的书中提出的。虽然这个分布更早些时候由伯努利家族的一个人描述过，但是后来人们还是以泊松的名字来命名。

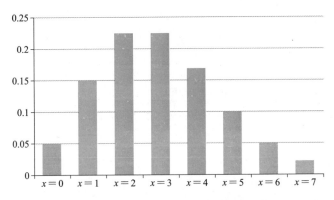

发生不同可能的概率值分布呈现正态分布特征

1898年，德国经济学家波尔特凯维茨出版了他的第一本统计书籍《没有数字的法则》，当时他得到一个任务，调查1875年到1894年的20年间普鲁士军队14个军团部中偶然被马踢伤而致死的士兵数量。这里，我们用一个团一年作为统计单位，简称"团年"。这280（20×14 = 280）个（团年）记录，按死亡人数来分，得到了如下表的左二栏所示结果。

在280个团年记录中，死亡人数共有196人，因此致死率为 $\alpha = 196/280 = 0.7$（人/团年）。因为单位是1团年，所以 $\lambda = \alpha \times 1 = 0.7$，我们就以此 λ 作为泊松分布中的常数。理想中每团每年死亡人数 x 要遵循泊松分布 $p(x; 0.7)$。表中右栏就是根据这样的泊松分布，把280个团年中

有 x 人死亡的团年数列出。可以看到,右边两列的数据相当吻合。

普鲁士军队偶然被马踢伤致死士兵数量统计

每年死亡人数	团 年 数	$280p(x;0.7)$
$x=0$	144	139
$x=1$	91	97.3
$x=2$	32	34.1
$x=3$	11	8
$x=4$	2	1.4
$x \geqslant 5$	0	0.2

下面来看看泊松分布是怎么定义的?

考察一个变量是否服从泊松分布,需要满足以下条件:

● x 是在一个区间(时间、空间、长度、面积、部件、整机等)内发生特定事件的次数,可以取值为 $0,1,2,\cdots$;

● 一起事件的发生不影响其他事件的发生,即事件独立发生;

● 事件的发生率是相同的,不能有些区间内发生率高一些而另一些区间发生率低一些;

● 两起事件不能在同一个时刻发生;

● 一个区间内一起事件发生的概率与区间的大小成比例。

满足以上条件,则 x 就是泊松随机变量,其分布就是泊松分布。

泊松分布的概率分布用公式表达为:

$$P(x=x) = \frac{\lambda^x}{x!}e^{-\lambda}$$

其中,$\lambda > 0$ 是常数,是区间事件发生率的均值,e 是自然常数。

需要指出的是,泊松分布是一种描述和分析稀有事件的概率分布。

所以要观察到这类事件，样本含量 n 必须很大。比如，一个产品存在瑕疵的数量、公路上每天出现交通事故的数量、放射性物质在单位时间内的放射次数、车身焊接中瑕疵点的数量等。

泊松分布有一个很好的性质，即如果把大区间分成若干个小区间，或者若干个小区间合并成1个大区间，则随机变量仍然服从泊松分布。比如，交警部门在研究公路上车辆事故次数时，发现每天的事故次数太少了，经常是0次、1次，偶尔有2次，这样就可以考虑以周为单位来统计，如果仍嫌少，则可以考虑以月为单位。这样就可以把数据放大到利于分析的地步。

2.3 指数分布

指数分布与泊松分布很类似。泊松分布表示的是事件发生的次数，"次数"这个是离散变量，所以泊松分布是离散随机变量的分布。而指数分布是两件事情发生的平均间隔时间，"时间"是连续变量，所以指数分布是一种连续随机变量的分布。

例如，某个公交站台1小时内出现的公交车的数量可以用泊松分布来表示，而某个公交站台任意两辆公交车出现的间隔时间就需要用指数分布来表示。

指数分布是事件的时间间隔的概率。下面这些都属于指数分布。

- 婴儿出生的时间间隔；
- 来电的时间间隔；
- 商品销售的时间间隔；
- 网站访问的时间间隔。

指数分布的图形大概是如下图所示的样子。

可以看到，随着间隔时间变长，事件的发生概率急剧下降，呈指数级衰减。想一想，如果每小时平均出生3个婴儿，下一个婴儿间隔2小时才出生的概率是0.25%，那么间隔3小时、间隔4小时的概率，是不是更接近于0？

根据推导，指数分布的概率密度为：

$$f(x) = \begin{cases} \lambda e^{-\lambda x} & x \geqslant 0, \\ 0 & x < 0, \end{cases}$$

式中，x是给定的时间；λ为单位时间内事件发生的次数；$e = 2.718\,28$。

一句话总结：泊松分布是单位时间内独立事件发生次数的概率分布，指数分布是独立事件的时间间隔的概率分布。

2.4 长尾分布

前面提到，指数分布是说随着间隔时间变长，事件的发生概率急剧下降，当时间趋向无穷，即$x \to \infty$时，指数分布是以指数的速率下降并趋近于0的。如果发生概率的下降速度慢一些，就会形成一条长长的"尾巴"，现实生活中，很多这样长尾型的分布，如Zipf分布、帕累托分布、一般莱维分布和幂率分布等。

长尾分布以及随之发展出的长尾理论是一个与互联网发展分不开的概念。2005年，《连线》杂志主编克里斯·安德森出版了《长尾理论》一书，全书以长尾分布为主线，阐述了商业和文化的未来不在于传统需求曲线上那条代表"畅销商品"的"头部"，而是在那条代表"冷门商品"经常被人遗忘的"长尾"。举例来说，一家大型书店通常可摆放10万本书，但亚马逊网络书店的图书销售额中，有四分之一来自排名在10万名以后的书籍。这些"冷门"书籍的销售比例正在快速增长，预估未来可占整体图书销售市场的一半。互联网时代，原来不受重视的销量小但种类多的产品或服务由于总量巨大，累积起来的总收益甚至会超过主流产品。也就是说，市场曲线中那条长长的尾部（所谓的利基产品）也能"咸鱼翻身"，成为可以寄予厚望的新的利润增长点。

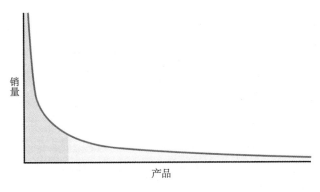

典型的长尾分布

对长尾分布有一个直观的解释，即如果长尾量超过某个高水平，则它超过更高水平的概率将接近1。举个例子，微博用户的粉丝数大于1 000万的用户数很小，但一旦见到有1 000万粉丝的大V，我们见到粉丝数大于1 001万的大V的概率几乎为100%，实际上粉丝数的上限可能更大。

2.5 幂律分布

自然界与社会生活中存在各种各样性质迥异的幂律分布现象。1932年，哈佛大学的语言学专家齐夫在研究英文单词出现的频率时发现，如果把单词出现的频率按由大到小的顺序排列，则每个单词出现的频率与它的排名名次的常数次幂存在简单的反比关系，这种分布就称为齐夫定律。它表明在英语单词中，只有极少数的词被经常使用，而绝大多数词很少被使用。实际上，包括汉语在内的许多种语言都有这种特点。

19世纪的意大利经济学家帕累托研究了个人收入的统计分布，发现少数人的收入要远多于大多数人的收入。他还发现，某一部分人口占总人口的比例，与这一部分人所拥有的财富的份额具有比较确定的计量经济关系，个人收入不小于某个特定值x的概率与x的常数次幂也存在简单的反比关系，这就是帕累托定律。这个定律就是我们常说的80/20法则，即20%的人口占据了80%的社会财富。进一步的研究证实，这种不平衡模式可以重复出现，甚至可以预测。经济学把这一社会财富的分布状态，称为"帕累托分布"。

丹尼尔·贝尔在《帕累托分布与收入最大化》中进一步叙述道："如果待分配的财富总量是100万元，人数为100人，那么我们会有这样一组对应的分配比例：排在前面的20个人，分得80万元；同理，这20人中的4个人，分得64万元；4个人中的1个人，分得50万元。"

如果我们把这些数据用数学公式简单处理一下，就会显示出一条收缩中的"财富曲线"及一条发散中的"贫困曲线"。它的最终走向，是必然会"清零"的，也只有如此，"财富"中所包含的生产力因子才能重新释放出来。

帕累托分布从经济学角度论证了社会分配的"绝对的失衡"必然导致"绝对的贫困"，除非我们可以通过其他手段，人为地阻止财富向高端不断聚集，否则，贫富双方的利益冲突是不可避免的。

齐夫定律与帕累托定律的表达式都是简单的幂函数，我们称为幂律分布。这类分布的共同特征是绝大多数事件的规模很小，而只有少数事件的规模相当大。如果对幂率分布函数两边取对数，可知$\ln y$与$\ln x$满足线性关系：$\ln y = \ln c - r \ln x$。也就是说，在双对数坐标（log-log plot）下，幂律分布表现为一条斜率为幂指数的负数的直线。这一线性关系经常作为判断给定的实例中随机变量是否满足幂律的依据。

统计物理学家习惯把服从幂律分布的现象称为无标度现象，即系统中个体的尺度相差悬殊，缺乏一个优选的规模。可以说，凡有生命的地方，有进化、有竞争的地方都会出现不同程度的无标度现象。

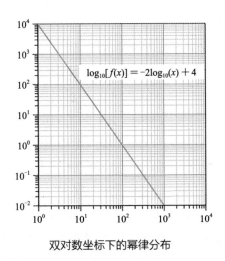

$$\log_{10}[f(x)] = -2\log_{10}(x) + 4$$

双对数坐标下的幂律分布

社交网络中，个体的好友数（数学上称为节点的度）也符合幂律分布，这就是为什么有的人微信好友有5 000个，而大多数人只有不到500个。所以，人际网络也是无标度网络，其典型特征是网络中的大部分节点只和很少节点连接，而有极少的节点与非常多的节点连接。这种关键的节点（称为"枢纽"或"集散节点"）的存在使无标度网络对意外故障有强大的承受能力，但面对协同性攻击时则显得脆弱。

3. 概率决策利器

概率论的发展史已经充分展示了理论与实际之间的密切联系。许多研究方向的提出，归根结底都是为了解决实际问题的。反过来，当这些方向被深入研究后，又可指导实践，进一步扩大和深化应用范围。

3.1 赌场奇兵

概率研究起于赌博，当然也会被人用于赌场。赌场上一直有数学家被禁止入内的传闻，近年来又有传闻说禁止带计算设备到赌场，以免利用数学对抗赌博游戏的规则。不过还真有数学家到赌场一试身手，用概率知识找到赌博游戏的漏洞，麻省理工学院的教授爱德华·索普就是其中的一位。

赌场的经营秘诀是，总体上，庄家必须占有概率上的优势，以确保经营者最终赚钱。尽管每一次游戏的结果都是随机且相互独立的，但总的来说，会趋向一个预期值，又称假设回扣。这也就是导致玩家尽管短期可能赚钱，但长期来说还是会趋向于亏本的原因。显然，打破这种概率上的优势就是制胜的关键。

1958年，刚到麻省理工学院任助理教授没多久的索普准备在赌场做一次数学实验。他来到美国拉斯维加斯的赌场，买了10美元的筹码投入21点这款赌博游戏。每次下注之前他都要花大量的时间思考，反复琢磨数字排列的可能性。在输掉了8.5美元后，索普回家仔细研究了21点游戏里的数学模型，并将香农研究长途电话线噪声的一份报告中提到的凯利公式应用到21点游戏里。凯利公式是约翰·凯利于1956年在《贝尔系统技术期刊》发表的，它的主要作用是在知道获胜率与赔率的前提下，推算出下注比例以求最大化收益，因此应用凯利公式时，必须建立在获胜率已知的情况下：

$$f=(b×p-q)/b$$

其中，f 为现有资金应进行下次投注的比例；b 为赔率；p 为获胜机会；q 为输的机会（一般等于 $1-p$）。

例如，若一个游戏有40%（$p=0.40$）的胜出机会，赔率为2∶1（$b=2$），那这个赌客便应每次投注（2×0.40-0.60）/2＝10%的资金。

凯利公式的要点就在于如何推算获胜率。索普用自己提出的高低数法（H-L法）推测情报，然后推算获胜率，再灵活地将凯利公式运用在21点游戏上，得到最佳下注比例，终于找到了在赌桌上用数学战胜庄家的方法。

索普的高低数法（H-L法），说起来很简单。

- 将纸牌点数2～6记作1，7～9记作0，T、A记作-1，通过简单的加减法快速记住场上牌的变化。
- 高低数法认为，当余下的牌中大牌越多时，则对玩家有利（庄家更容易拿到大牌而爆牌），反之亦然。
- 假如已经出现了4、9、10、5、J、A、8，则现在点数是-1，为逆风局。
- 在实际运用中，还需要计算真数，真数＝点数/N副牌。

如点数为5，而庄家共使用5副牌发牌，则真数为1。真数越大赢面越大，真数越小则赢面越小。

经过测算，高低数法只不过提高了2%的胜率，为此，索普还给了一个押注策略，通过算牌，估算概率，在形势有利的时候押大赌注，同时还要遵守一个法则，那就是适可而止。如果过度下注，即使有优势，也可能输光。只有掌握好压注技巧，才能保证一定回合后不亏钱。

他将成果向美国数学学会公布，并出版了轰动一时的《击败庄家》一书。一时间，美国拉斯维加斯的所有书店里这本书都被抢购一空。也正是因为索普提出的算牌策略开始流行，赌场里多出来一种无往而不利的人——算牌师。索普自己也在赌场里小试身手，20个小时就赚了11 000美元，以至于赌场老板动了修改游戏规则的念头，以加大庄家的优势。但是因为大量玩家抵制，这个计划很快就泡汤了。赌场从此不待见这个满脑子数学的年轻人，甚至在赌场门口站着专门拦截索普的门卫，请他"到别的赌场去"。

其实，数学家的策略，无非是削弱庄家优势，通过正确的决策思维，规避不必要的错误，夺取百分之几的优势。但这百分之几的优势投射到长远期限下，就能取得惊人的回报。

3.2 各显神通

今天，建立在概率基础上的现代统计方法，作为物理学、生物科学、经济学、社会学、心理学、教育学、医学、农业、工业和政府的助手，正在显示它不可或缺的作用。天文学以统计方法为基础，预测天体的未来位置；合适的遗传区分是由统计探明的；生命保险费与年金是以统计记录为基础的死亡表来确定的；能源公司如果没有地区需求的统计资料，就不能有效地供应电力；农学家用统计方法来确定农业实验的结果是否显著；采样理论在工业产品质量控制上广泛应用；企业家依靠统计程序做出经营决策。这些应用对象虽然各不相同，但使用的统计方法则是相通的。

生物学家研究群体的增长问题时，提出了生灭型随机模型、两性增长模型、群体间竞争与生克模型、群体迁移模型、增长过程的扩散模型等。有些生物现象还可以利用时间序列模型来进行预报。传染病流行问题涉及多变量非线性生灭过程。

我们日常生活中也有大量概率应用的例子，比如，保险产品的定价就是建立在概率分析的基础之上的。保险公司在机动车保险条款中，对出险率有不同的定义和理解，一般统称为"出险次数"，它指在一定时期内（通常是1年），共计发生汽车保险理赔的频率，一般出险一次，出险率记为1，出险2次，出险率记为2，按照此逻辑计算。通常情况下，在各大保险公司中，出险率的高低直接影响明年保险费率。比如说，如果1年无理赔，第二年费率就会乘以0.9，3年无理赔的话可以乘以0.7，而如果1年理赔3次及以上的话，保险费率就会上浮，甚至遭到拒保。所以，汽车出险次数一定要把握好，属于小额经济理赔的案件最好不要出险，以尽可能降低出险率。

现在，保险公司也会依托大数据分析推出的针对不同驾驶员群体的保险计划。通过收集数据对不同潜在客户的驾车习惯进行分析，如果数据表明客户是白天上班、路近、所经过的地带是安全路线、驾车习惯良好、没有特别情绪化举动，则给其所买的保险打折；反之，保险公司会提高保费甚至拒绝保单。美国前进保险公司就推出了这样一种保险计划，使用该计划，需要在车内安装一个叫作"快照"的小装置用以收集数据，在接下来的30天中，保险公司会通过驾驶数据分析用户的驾驶习惯，平常是如何驾驶的，行驶多久，什么时候驾驶，等等。30天后，驾驶数据收集充分，保险公司会测算出一个从0到30%不等的保险折扣给到用户。

3.3 排队系统

日常生活中存在大量有形和无形的排队或拥挤现象，如旅客购票排队、电话通信占线、船舶装卸排队、病人候诊排队等，都可用一类概率模型来描述。这类概率模型涉及的过程叫作排队过程。当把顾客到达和服务所需时间的统计规律研究清楚后，就可以合理地安排服务点。

排队论的基本思想是1909年丹麦数学家、科学家和工程师A. K. 埃尔朗在用概率论方法解决自动电话设计问题时提出的，从而开创了这门应用数学学科，并为这门学科建立许多基本原则。现在，排队论已经广泛应用于各种服务系统的建模和分析。

研究排队问题，就是要把排队的时间控制在一定的程度内，在服务质量的提升和成本的降低之间取得平衡，找到最适当的解。排队现象是由两个方面构成的，一方要求得到服务，另一方设法给予服务。我们把要求得到服务的人或物（设备）统称为顾客，把给予服务的服务人员或服务机构统称为服务员或服务台。顾客与服务台构成一个排队系统，或称为随机服务系统。

在一个排队服务系统中，顾客总要经过如下过程：顾客到达、排队等待、接受服务和离去。

随机服务系统基本结构

建立适当的排队模型是研究排队系统的第一步。建立模型过程中经常会碰到如下问题：检验系统是否达到平稳状态；检验顾客相继到达时间间隔的相互独立性。排队论模型的记号是由肯达尔于1953年引入的，通常由 $3 \sim 5$ 个英文字母组成，其形式为：

$A/B/C/n$，其中，A 表示输入过程的分布，B 表示服务时间的分布，C 表示服务台数目，n 表示系统空间数。

描述排队系统的主要数量指标包括队列长度与等待队长、顾客的平均等待时间与平均逗留时间、系统的忙期与闲期、服务机构工作强度。

一个排队系统的最主要特征参数是顾客的到达间隔时间分布与服务时间分布。要研究到达间隔时间分布与服务时间分布需要首先根据现存系统原始资料统计出它们的经验分布，然后与理论分布拟合，若能互相印证，就可以得出分布情况。

经验分布是对排队系统的某些时间参数根据经验数据进行统计分析，并依据统计分析结果假设其统计样本的总体分布，选择合适的检验方法进行检。当通过检验时，就可以认为时间参数的经验数据服从该假设分布。

举一个生活中常见的例子。某火车站售票处有3个窗口，同时在售各车次的车票。顾客到达服从泊松分布，平均每分钟到达 $\lambda = 0.9$（人），服务时间服从负指数分布，平均服务率 $\mu = 24$（人/小时），我们知道现在有两种排队方式：

① 现代方式。顾客排成一队，共享3个服务窗口，根据窗口的空闲情况，将3个队首的顾客分配到空闲服务窗口，依次购票；

② 传统方式。顾客在每个窗口单独排成一队，不准串队。

实际中哪一种排队方式更好呢？我们就可以用排队论量化地解决这个问题。

通过建立排队论模型，我们可以算出，第一种排一队共享3个服务台的效率更好。

从这个例子可以看出，利用数据分布，可以模拟现实世界中的大量排队现象，借助数学工具给出量化的分析，并用于决策。

第九章
量化衍生数据

日常生活中所说的"量化"指的是目标或任务具体明确，可以清晰度量，赋予明确的数值，即根据不同情况与量化单位，表现为数量多少、具体的统计数字、衡量范围、时间长度等。

用量化的数据描述事物称为"定量"描述，而与之相对的则是"定性"描述，多以文字描述总体特征、宏观趋势为主。比如，中餐菜谱上常说的"盐少许""生抽少许"，只能凭借厨师的感觉和经验现场裁量。而中医大夫配置一剂中药则必须精确，来不得半点马虎，这就要量化。

到了信息时代，人们发明了各种采集信号的设备，能够捕获信号的大小不等的幅度变化，表示幅度变化的量值可以在一定范围（定义域）内取任意值（在值域内）。这种量值是对实际量的模拟，所以叫作模拟量。有规律的电磁信号经过放大、传输、接收、转换，不必解析出每一个瞬间的信号数值，只要能整体上复原原来信号的波形变化，原来的信息也得以保留，这就是电话和广播传输的原理。

进入数字时代，人们通过采样得到信号的瞬时值，再将其幅度离散化，即用一组规定的数值来表示与瞬时采样值最接近的数值，就可以用一组数字来表示原来的信号，形成现在广泛使用的数字信号，这个过程称为"量化"。由于数字信号便于传播和处理，成为目前传播的主流方式，大量的信息经过量化以后，就变成计算机可处理的数据。正是因为有了量化，人类才真正进入了数字时代——信息用数字表达、压缩、存储，最终引领人类进入了大数据时代。

1. 采样与量化

　　早年，人们为了记录声音，发明了留声机。留声机是爱迪生于1877年发明的，爱迪生从电话传话器里的膜板会随着说话声引起振动的现象得到启发，声音的快慢高低能使膜板产生相应的不同颤动，那么，相反操作，这种颤动也一定能发出原先的说话声音。

　　爱迪生开始研究声音存储和重放的问题。1877年8月15日，爱迪生发明了一种原始的放音装置，首先以声学方法在锡箔平面上刻出刻痕，再通过放音装置将记录在刻痕中的声音还原，实际上是一种信息的记录和存储方式。

　　留声机记录的就是前面提到的音频的模拟量，这是一种模拟信号，即用连续变化的物理量所表达的信息。模拟信号中的模拟数据就是由传感器采集得到的连续变化的值，例如，温度、压力以及目前还在模拟电话、无线电和电视广播中传输的声音和图像。与之相对应的数字数据则是模拟数据经量化后得到的离散的值，例如，在计算机中用二进制代码表示的字符、图形、音频与视频数据。

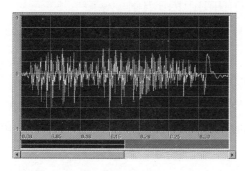

用声音录制软件记录的英文单词"Hello"的语音实际波形
（准确地说，这个波形也是经过采样的）

　　由于是连续记录，理论上模拟信号可以有无数多个时间点，每个时间点都有一个确定的数值。要转变成数字信号，就需要记录无数多个数值，这显然既不经济，也没有必要，这就需要采样，就是将时间上、幅值上都连续的模拟信号，在采样脉冲的作用下，转换成时间上离散（时间上有固定间隔），但幅值上仍连续的离散模拟信号。所以采样又称为波形的离散化过程。

　　采样得到的每个信号取值仍然是连续的，理论上可以取值域内的任意值，为了记录方便，需要将信号的连续取值（或者大量可能的离散取值）近似为有限多个（或较少的）离散值（为了处理方便，一般取为整数）的过程，这个过程称为"量化"。

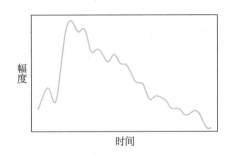

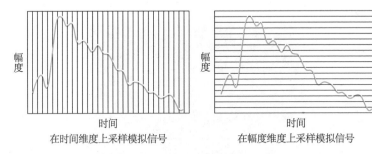

在时间维度上采样模拟信号　　　　　在幅度维度上采样模拟信号

采样和量化

　　最终，可以将取任意值的一组连续变化的模拟量转变成离散的变化量，且只能取有限个离散量值，如二进制数字变量只能取两个值。这种在时间上和数量上都是离散的物理量称为数字量。

1937年，英国工程师A.里弗斯提出了脉冲编码调制，简称PCM。PCM的主要过程是将语音、图像等模拟信号每隔一定时间进行采样，使其离散化，然后将采样值按分层单位四舍五入取整量化，同时按二进制码来表示采样脉冲的幅值。在模拟/数字信号的转换过程中，有一个奈奎斯特采样定理，是说当采样频率大于信号中最高频率的2倍时，采样之后的数字信号可以完整地保留原始信号中的信息。奈奎斯特定理可以这样简单理解，在信号一个变化周期里面，一般会有一个最高点、一个最低点，如果我们能够采样到这两个点，那这一个周期的信息就没有丢失。而任何复杂的信号都可以变换成一组频率不同的正弦信号的叠加，取其中频率最高的那个用于确定采样频率，就可以覆盖到所有频率信号的采样。实际应用中为了确保质量，采样频率一般为信号最高频率的5～10倍。

经过量化的数字信号有很多优势，首先是信息传输中的准确表达。以下图中的WAV格式的数字音频信号为例。WAV是最常见的声音文件格式之一，是微软公司专门为Windows开发的一种标准数字音频文件格式。WAV文件由文件头和数据体两大部分组成。其中文件头又分为RIFF/WAV文件标识段和声音数据格式说明段两部分，WAV文件数据块包含了以脉冲编码调制（PCM）格式表示的样本，这些数字用二进制表达（图中为了简便，表示为十六进制）。就这样，一段声音经过处理后变成了一组数据，只要这组数据没有损失，就可以将声音准确传输、永久保存。

WAV文件通常使用3个参数，即量化位数、采样频率和采样点振幅来表示声音。量化位数分为8位、16位、24位3种，声道有单声道和立体声之分，单声道振幅数据为$n×1$矩阵点，立体声为$n×2$矩阵点，采样频率一般有11025Hz(11kHz)、22050Hz(22kHz)和44100Hz(44kHz)3种，标准格式化的WAV文件和CD格式一样，其声音质量与CD相差无几。WAV文件大小可以方便地计算出来，即每一分钟WAV格式的音频文件的大小为 10MB，这是 WAV 文件的一个致命缺点，就是它所占用的磁盘空间太大。

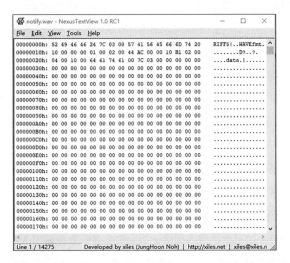

一段 WAV 格式的 Windows 通知音，二进制读取后的数据

经过这样的量化过程，信号中的信息都可以表示为数据，信号的数据化把对现象的描述转化为可计算、可分析的数据形式，极大地方便了信息的处理。

2. 量化数据的数学原理

采样、量化后的信号其实还不是数字信号，需要把它转换成数字编码脉冲，这一过程称为编码。最简单的编码方式是二进制编码。具体说来，就是用 n 位二进制码来表示已经量化了的采样数字，每个二进制数对应一个量化值，然后把它们按一定规则排列，得到由二值脉冲组成的数字信息流。美国科学家香农解决了编码的理论问题。

香农被誉为"信息论及数字通信的奠基人"。1948年，香农在《贝尔系统技术学报》上发表了一篇里程碑式的论文《通讯的数学原理》。文章系统地论述了信息的定义，怎样数量化信息以及怎样更好地对信息进行编码等。在这些研究中，概率理论是香农使用的重要工具。香农还在这篇论文中给出了信息熵和冗余的概念，用于衡量消息的不确定性，并将术语比特（bit）作为信息的基本单元。

香农指出，任何信息都存在冗余，冗余大小与信息中每个符号（数字、字母或单词）的出现概率有关。他把信息中排除了冗余后的平均信息量称为"信息熵"，并给出了计算信息熵的数学表达式。

信息熵这个词是香农从热力学中借用过来的。熵在希腊语中意为"内在"，即"一个系统内在性质的改变"。物理学中熵的概念是由德国物理学家克劳修斯于1865年所提出，公式中一般记为 S；熵被看作一个系统"混乱程度"的度量，热力学中的热熵是表示分子状态混乱程度的物理量。1923年著名物理学家普朗克来我国南京东南大学讲学，在讲述热力学第二定律及其一个极重要的概念 Entropie 时，当时担任翻译的胡刚复教授将这个既复杂又深邃的概念译为熵。由于它本身是热量与温度之商，而且这个概念与火（热量）有关，故在汉字商的左边加上火字旁，创造了"熵"字。

一个系统越混乱，可以看作微观状态分布越均匀。例如，设想有一组10个硬币，每一个硬币有两面，掷硬币时得到最有规律的状态是10个都是正面或10个都是反面，这两种状态都只有一种"整齐"的排列。反之，如果是最混乱的情况，应该有5个正面、5个反面。信息元素分布越均匀，就如同散乱的硬币，香农用信息熵的概念来描述信息源的不确定度。信息熵的计算公式如下：

$$信息熵 = -\sum_{i=1}^{n} Pi\log_2 Pi$$

如果计算中的对数 log 是以2为底的，那么计算出来的信息熵就以比特（bit）为单位。

香农认为"信息是用来消除随机不确定性的东西"。也就是说，衡量信息量大小就看这个信息消除不确定性的程度。"太阳从东方升起了"这条信息没有减少不确定性，因为太阳肯定从东方升起，所以这是一句废话，信息量为0。"吐鲁番下中雨了"这条信息比较有价值，为什么呢？因为按统计数据来看，吐鲁番地区明天不下雨的概率为98%（吐鲁番地区年平均降水天数仅6天）。信息熵是用来衡量事物不确定性的，信息熵越大，事物越具不确定性，事物越复杂，表达信息所用的编码就越多。举一个例子：电影《天才枪手》中有一个考试作弊团伙，需要把4选1单选题的答案编成条码发出去，如果直接传递正确答案字母"A""B""C""D"的ASCII代码的话，每个答案需要8个bit的二进制编码，从传输的角度看，这显然有些浪费。信息论最初要解决的，就是数据压缩和传输的问题，所以这个作弊团伙希望能用更少bit的编码来传输答案。很简单，答案只有4种可能性，所以二进制编码需要的长度就是取以2为底的对数：

$$\log_2(4) = 2$$

2个bit就足够进行4个答案的编码了（00，01，10，11）。现实考试选择题中，"A""B""C""D"为正确答案的出现概率是相等的，均为 $P = 1/4$，所以编码需要长度的计算可以理解为如下的形式：

$$\log_2(4) = \log_2\left(\frac{1}{1/4}\right) = -\log_2(1/4) = -\log_2(P)$$

代入计算信息熵H的公式：

$$信息熵 = -4 \times 1/4 \times \log(1/4) = 2$$

算出来结果刚好是2。从这个角度来看，熵就是对每个可能性编码需要长度的期望值。

其实编码长度还可以进一步优化，假设作弊团伙经过大量数据分析，发现考试出题人对正确答案"A""B""C""D"的选择是有偏好的，概率分别为 1/2，1/4，1/8，1/8。我们回到信息熵的定义，会发现通过之前的信息熵公式，神奇地得到了：

$$信息熵 = \frac{1}{2}\log(2) + \frac{1}{4}\log(4) + \frac{1}{8}\log(8) + \frac{1}{8}\log(8) = \frac{1}{2} + \frac{1}{2} + \frac{3}{8} + \frac{3}{8} = \frac{7}{4}$$

也就是说，可以为"A""B""C""D"设计一种更短的编码来表示这 4 个答案：0，10，110，111，其平均编码长度仅为 7/4 个 bit。单从这个例子似乎没有减少多少，但对于大规模数据通信的应用场景，带宽开支的节省是非常可观的，这就是香农信息熵理论的重要价值。

3. 量化带来的优势

3.1 便于传播

数据信号由于表达为精确的数值，在传输中受干扰小，信号不易劣化，且可以通过校验进行纠错，能够确保信息传输的准确性，具有传送稳定性好、可靠性高的优点。互联网诞生以来，适于互联网传播的数字内容呈现出爆炸性的发展态势，极大促进了人类文明的传播和社交便利性。

另外，数据信号可以方便地进行加密，且加密后的数据难以解密，提高了信息传播的安全性。数据信号也便于进行版权保护，比如，现在电影院线普遍采用数字电影播放方式，由于采用了数字水印技术对盗版放映进行定位，我国电影上映期间的盗版率不到以前的 1/10。

3.2 便于存储

非数据化的信息需要借助传统媒介存储，如书籍、照片、电影拷贝、录音磁带等，存在介质经久老化和多次翻制造成损失的风险。数据存储技术的发展，提供了灵活、便捷的信息存储方式。信号数据化以后可以方便地存储到各种存储介质中，借助冗余存储技术，还可以方便地创建存储副本以确保存储可靠性，并可以通过数据库管理系统或者大数据管理系统进行高效转存、检索等操作。

3.3 便于压缩

数据压缩是指在不丢失有用信息的前提下，缩减数据量以减少存储空间，以提高其传输、存储和处理效率。如果信号转化成数据，就可以按照一定的算法对数据进行重新组织，以减少数据的冗余和存储的空间。

数据能够压缩是因为现实世界的数据都有统计冗余。例如，字母"e"在英语中比字母"z"更加常用，单词中字母"q"后面是"z"的可能性非常小。我们还可以进一步统计出高频数据块，比如说，常用的单词、句子等，对这些出现频率高的数据块都可以用较短的编码表示，甚至对那些并没有特定含义的数据块，只要出现频率高，我们也可以赋予较短的编码。

还可以采用字典方法进行压缩。这种方法是使用一个字典来保存最近发现的符号（一个或者一串字符）。遇到一个符号时，首先会到字典中去查找，检查是否已经存储过了。如果是，那么将只需要输出该符号在字典中的入口进行引用（通常是一个偏移量），而不是整个符号。使用字典方法的压缩方案包括LZ77、LZ78等，它们是很多常用的无损压缩方案的基础。

利用统计冗余或者字典方法，既能更加简练地表示数据，又保留了数据的完整信息，因此这种压缩称为无损压缩。

如果允许以可接受的质量损失换取较大的压缩比，还可以采用变换的手段，把一些次要信息去掉，只保留主要信息，从而达到压缩的目的，这种压缩被称为有损压缩。常用的jpeg图片格式就是一种有损压缩，它利用了人眼的视觉生理特征，即人眼对图像高频成分不敏感，即使移除部分高频成分，对图像的感官质量影响也很小。同时，由于大多数图像中的灰度值是个渐变的过程，高频部分携带的信息量很少。压缩时先对空间域的图像做正向离散余弦变换（FDCT），将数据转换到频域，再在频域中通过采样去除一部分信息，达到压缩的目的。使用时需要逆向处理，先解码，再把数据从频域转换到空间域。jpeg图像压缩算法能够在提供良好压缩性能的同时，实现比较好的重建质量，其压缩比率通常在10∶1到40∶1之间，比如，可以把1.37MB的BMP位图文件压缩至只有20.3KB的JPG文件，而图像质量差别不大，因此jpeg格式得到了广泛的应用。

3.4　便于处理

经过数据化处理的信号格式统一，不论是数值、文字、图像、语音，还是虚拟现实模型等，都可以在计算机中进行处理，真正实现了多媒体信息的融合。以图像处理为例，输入的是质量低的图像，输出的是改善质量后的图像，常用的图像处理方法有图像增强、复原、编码、压缩等，现在流行的"修图""美图"其实都是数字图像处理的应用形式。

最早研究数字图像处理并获得成功应用的是美国喷气推进实验室。他们对航天探测器"徘徊者7号"在1964年发回的几千张月球照片使用了图像处理技术，如使用几何校正、灰度变换、去除噪声等进行处理，并考虑了太阳位置和月球环境的影响，用计算机成功地绘制出月球表面的地图，获得了巨大的成功。随后又对探测器发回的近10万张照片进行了更复杂的图像处理，获得了月球的地形图、彩色图及全景镶嵌图等，为人类登月奠定了坚实的基础，也推动了数字图像处理这门学科的诞生与发展。

4. 变换与降噪

　　我们常说"看问题要有不同的角度",如一串整齐排列的骨牌,从中拿出一张,若从正面看的话,只能看到第一张,不容易发现哪张被拿出了,而如果从侧面看的话,就很容易找出是第几张缺失了。

　　时域描述的是数学函数或物理信号对时间的关系。例如,一个信号的时域波形可以表达信号随着时间的变化。频域则是描述信号在频率方面特性时用到的一种坐标系。时域和频域是信号的基本性质,这样可以用多种方式来分析信号,每种方式提供了不同的角度。

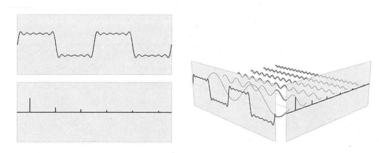

时域与频域的对应关系

注:时域中一条正弦波曲线的简谐信号,在频域中对应一条谱线,即正弦波信号
　　的频率是单一的,其频谱仅仅是频域中相应频点上的一个尖峰信号。

　　在自然界,频率是有明确的物理意义的,比如说声音信号,男士声音低沉雄浑,这主要是因为男声中低频分量更多,女士声音多高亢清脆,这主要是因为女声中高频分量更多。有的信号主要在时域表现其特性,如电容充放电的过程,而有的信号则主要在频域表现其特性,如机械的振动、人类的语音等。

　　时域是真实世界,也是唯一实际存在的域。因为我们所经历的事情都是在时域中按照时间的先后顺序发生发展的,而且我们也习惯于按照时间的先后顺序去感知这些事物,所以在评估数字信号的性能时,通常也需要测量时域中的性能指标。相对而言，频域不是真实的，而是一个数学构造，有些在时域里看不到的信息，在频域里往往看得很清楚，所以频域也被一些学者称为"上帝视角"。

如果信号的特征主要在频域表示的话，相应的时域信号看起来可能杂乱无章，这时候在频域中解读起来可能就非常清晰。在实际应用中，当我们采集到一段信号之后，在没有任何先验信息的情况下，直觉是先试图在时域中寻找一些特征，如果在时域无所发现的话，再将信号转换到频域看看能有什么特征。这就体现了时频变换的作用。

4.1 变换

法国数学家傅里叶发现，任何周期函数都可以用正弦函数和余弦函数构成的无穷级数来表示（选择正弦函数与余弦函数作为基函数是因为它们是正交的）：

$$f(t) = a_0 + \sum_{n=1}^{\infty}[a_n\cos(n\omega t) + b_n\sin(n\omega t)]$$

$$= a_0 + \sum_{n=1}^{\infty}c_n\sin(n\omega t + \theta_n)$$

$$= a_0 + c_1\sin(\omega t + \theta_1) + c_2\sin(2\omega t + \theta_2) + \cdots + n = 1, 2, \cdots$$

很多时域信号也是周期函数，也可以表示为不同频率的正弦波信号的叠加。根据傅里叶原理创立的傅里叶变换算法可以将直接测量到的原始信号，表达为该信号中不同正弦波信号的频率、振幅和相位的叠加。

傅里叶变换的物理意义非常清晰，即将通常在时域表示的信号，分解为多个正弦信号的叠加，每个正弦信号用幅度、频率、相位就可以完全表示，这就实现了从时域到频域的变换。这种周期函数或周期性的波形中能用常数、与原函数的最小正周期相同的正弦函数和余弦函数的线性组合表达的部分称为谐波。

149

经过傅里叶变换之后的信号通常称为频谱，频谱包括幅度谱和相位谱，分别表示幅度随频率的分布及相位随频率的分布。傅里叶变换建立了信号在时域与频域之间的转换关系，从而将原来难以处理的时域信号转换成易于分析的频域信号（信号的频谱），可以利用一些工具对这些频域信号进行处理、加工。

从频谱变回时域的方法是傅里叶反变换，它把每个频率分量变换成它的时域正弦波，再将其全部叠加，从本质上说也是一种累加处理，这样就可以将单独改变的正弦波信号转换成一个信号。

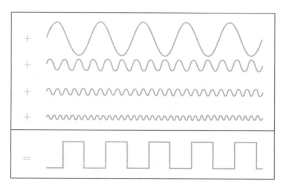

多个频率分量叠加为一个信号

频域中的每个分量都是时域中定义在 $t=-\infty \rightarrow +\infty$ 的正弦波。为了重新生成时域波形，可以提取出频谱中描述的所有正弦波，并在时域中的每个时间间隔点处把它们叠加。从低频端开始，把频谱中的各次谐波叠加，就可得到时域中的波形。

4.2 滤波

信号的时域描述与频域描述，就像一枚硬币的两面，看起来虽然有所不同，但实际上是同一个东西。就一个信号所包含的信息量来讲，时域信号及其相应的傅里叶变换之后的频域信号是完全一样的。但很多在时域看似不可能做到的数学操作，在频域却很容易做到。

通过傅里叶变换很容易得到有用的信号频域特性。傅里叶变换简单通俗地理解就是把看似杂乱无章的信号考虑成由一定振幅、相位、频率的基本正弦（余弦）信号组合而成，傅里叶变换的目的就是找出这些基本正弦（余弦）信号中振幅较大（能量较高）信号对应的频率，从而找出杂乱无章的信号中的主要振动频率特点。比如，减速机故障时，通过傅里叶变换做频谱分析，根据各级齿轮转速、齿数与杂音频谱中振幅大的进行对比，可以快速判断哪级齿轮存在损伤。

滤波还可以用于降噪，因为噪声往往是高频部分，从信号波形曲线中去除一些特定的频率成分，这在工程上称为滤波，滤波是信号处理中最重要的概念之一，只有在频域才能轻松地做到，这就是需要傅里叶变换的地方。

以图像处理为例，傅里叶变换以前，图像（未压缩的位图）是由对连续空间（现实空间）上的采样得到一系列点的集合，可以用一个二维矩阵表示空间上各点，则图像可由 $z = f(x, y)$ 来表示，空间的另一个维度表示图像的颜色、色调、灰度等数据，用梯度表示。对图像进行二维傅里叶变换得到频谱图，就是图像梯度的分布图，当然频谱图上的各点与图像上各点并不存在一一对应的关系。从傅里叶变换后的频谱图上我们看到的明暗不一的亮点，实际上图像上某一点与邻域点差异的强弱，即梯度的大小，也即该点的频率的大小。一般来讲，梯度大则该点的亮度强，否则该点亮度弱。这样通过观察傅里叶变换后的频谱图，可以看到整个图像的能量分布，如果频谱图中暗的点数更多，那么实际图像的色彩是比较柔和的（因为各点与邻域差异都不大，梯度相对较小）；反之，如果频谱图中亮的点数多，那么实际图像则一定是尖锐的，也就是实际图像是边界分明且边界两边像素差异较大的。

如果图像中有些噪声，这些噪声往往是规律性的干扰信号。通过对频域信号进行处理，可进一步分离出有周期性规律的干扰信号，比如正弦干扰，这个就是干扰噪声产生的，这时就可以很直观地通过在该位置放置带阻滤波器消除干扰。

4.3　离散余弦变换

离散余弦变换，简称DCT，是与傅里叶变换相关的一种变换。

DCT也常在信号处理和图像处理中使用，用于对信号和图像（包括静止图像和运动图像）进行有损数据压缩。这是由于离散余弦变换具有很强的"能量集中"特性，大多数的自然信号（包括声音和图像）的能量都集中在离散余弦变换后的低频部分，由于人眼对于细节信息不是很敏感，因此信息含量较少的高频部分就可以直接去掉，从而在后续的压缩操作中获得较高的压缩比。

DCT用于图像压缩时，先将输入图像划分为图像块，对每个图像块做DCT。变换后，其低频分量都集中在左上角，高频分量分布在右下角。由于低频分量包含了图像的主要信息，而高频分量与之相比，就不那么重要了，所以我们可以忽略高频分量，从而达到压缩的目的。

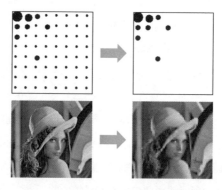

对DCT变换后的数据做量化操作，代价是图像精度的损失

如何将高频分量去掉呢？这就要用到量化，它是产生信息损失的根源。量化操作，就是将变换后的值除以量化表中对应的值。由于量化表左上角的值较小，右下角的值较大，这样就达到了保持低频分量，抑制高频分量的目的。解压缩时首先对每个图像块做DCT反变换，然后将图像拼接成一幅完整的图像。这样就利用DCT完成了具有很高压缩比的图像压缩。

4.4　小波变换

小波变换是一种新的变换分析方法，小波变换的原理类似傅里叶变换，只是把三角函数基换成了小波基。

与傅里叶变换不同，它的主要特点是通过变换能够充分突出问题某些方面的特征，能对时间（空间）频率做局部化分析，通过伸缩平移运算对信号（函数)逐步进行多尺度细化，最终达到高频处时间细分，低频处频率细分，能自动适应时频信号分析的要求，从而可聚焦到信号的任意细节，解决了傅里叶变换的困难问题。

小波变换继承和发展了短时傅里叶变换局部化的思想，同时又克服了窗口大小不随频率变化等缺点，能够提供一个随频率改变的"时间一频率"窗口，是进行信号时频分析和处理的理想工具，成为继傅里叶变换以来在科学方法上的重大突破。

5. 大千世界，数据表达

孤立的数据没有意义，只有跟具体的事务相关联，数据才能成为信息。为了表示数据，需要用数据的表示形式，即数据的编码规则、结构或者元数据。比如字符"A"，在计算机里其实是被编码成了一个整数，这个整数加上32，就变成了小写字母"a"，这就带来了数据处理上的方便。

不管多么复杂的数据，在计算机中，所有的数据在存储和运算时都要使用二进制数表示。这是因为计算机是由逻辑电路组成的，电路中的"开"和"关"这两种状态正好可以用"1"和"0"表示。当然，做成能够表示0～9这10种状态的开关，让计算机采用十进制计数法，这在理论上也是可能的，但与0和1的开关状态相比，这必定需要更为复杂的结构。

数值型的数据可以直接用二进制表示。为了书写和读数方便还用到八进制和十六进制。计算机中表示数值数据时，为了便于运算，带符号数采用原码、反码、补码和移码等编码方式，这种编码方式称为码制。整数还相对简单，比较麻烦的是实数，又叫浮点数，常用科学技术法表示：

$$N = M \times R^e$$

其中，M 称为尾数，e 是指数，R 为基数。由于计算机存储字长的限制，浮点数表示的精度取决于尾数的宽度，表示的范围取决于基数的大小和指数的宽度。

字符数据的表示是一个难题，像a、b、c、d这样的52个字母（包括大写），以及0、1等数字，还有一些常用的符号（例如*、#、@等）在计算机中存储时也要使用二进制数来表示，而具体用哪些二进制数字表示哪个符号，每个人都可以约定自己的一套规则，规定用什么数字表示什么信息，这就叫编码。而如果要想互相通信而不造成混乱，就必须使用相同的编码规则。美国国家标准学会最早提出了ASCII编码，即美国标准信息交换代码，统一规定了上述常用符号的二进制表示形式。ASCII码是标准的单字节字符编码方案，用于表示文本数据，它使用指定的7位或8位二进制数组合来表示128种或256种可能的字符，包括所有的大写和小写字母、数字0到9、标点符号以及一些常用的特殊控制字符等。

汉字是以字而不是字母为单元，常用的汉字就有3 000多个，《康熙字典》收录47 000多字，这要表示起来就复杂得多。现在常用的汉字编码是《信息交换用汉字编码字符集》，它是由中国国家标准总局1980年发布，1981年5月1日开始实施的一套国家标准。这套编码基本集共收入汉字6 763个和非汉字图形字符682个，应用广泛，适用于汉字处理、汉字通信等系统之间的信息交换，几乎所有的中文系统和国际化的软件都支持这套编码系统。但显然这套编码只收录了部分常用汉字，所以后来又有了新的国家标准，新标准下的编码采用类似UTF-8的编码方式进行编码，拥有上百万个编码空间，可以支持中、日、韩三国所有汉字，并且还可以支持国内少数民族的文字。

图片的数据化处理则更加复杂，常见的BMP、jpeg、GIF、PNG、TIFF都是表示图像的编码格式。以最简单的BMP文件为例，一幅图像被表示为一些有颜色的点阵，图片数据里就存放了这些点的颜色信息。

图片和视频信息转化为数据，还有个物理转换的过程。比如，传统的胶片采用溴化银感光，一张35毫米胶片的总分辨率介于$4 000×6 000$到$6 500×9 750$之间，即2 400万到6 400万个感光颗粒，而每个颗粒表现出来的灰度理论上又是无穷多个取值的连续变化量。将这样的一幅胶片图像扫描采集，经过采样的图像空间上被离散成为像素阵列，再将每个样本像素的灰度值转化为有限个离散值，赋予不同数字编码，就成为数字图像，这种转化就是胶片图像的量化。显然，这个过程损失了大量信息，但只要清晰度能够保持在人眼无法分辨的程度，就不影响其使用。

另外，胶片的工作方式与我们的眼睛很相像，它可容纳更广泛的反差、色彩范围以及高光和暗部的细节。胶片的解像力，即分辨被摄原物细节的能力更高，一般可达100cycles/mm（波数每毫米），柯达50D胶片能到200cycles/mm，而2K数字影片的像素是$2 048×1 556$，只相当于40cycles/mm。

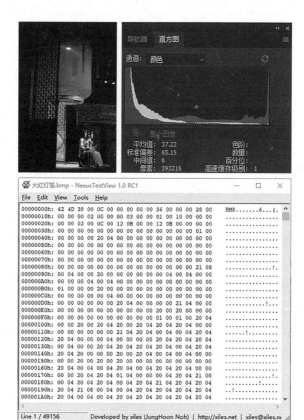

一张BMP图片的数据文件（下部），右上是其颜色直方图

数字影片解像力对比

扫描器规格	像　　素	解　像　力
2K	2 048×1 556	40cycles/mm
3K	3 072×2 334	60cycles/mm
4K	4 096×3 112	80cycles/mm
8K	8 196×6 224	160cycles/mm

由此可见，目前大量使用的是2K以下的扫描器，解像力还远不如胶片，不能准确还原胶片上的细节，使胶片上的细部层次、质感受到损失，而且这种损失是不可挽回的。但数字影片也有很多优势，比如，数字电影的发行不再需要洗印大量的拷贝，既避免了从原始素材到拷贝多次翻制的损失，也免除了运输过程，节约成本又利于环保。

第十章
数据思维

　　数据时代，海量的数据是我们所拥有的"知识和物质"要素之一，而且是最具有活力的要素之一。与此同时，数据内在的客观性和关联性又可以挖掘出"有别于常规或常人思路的见解"，找到无法获取的"蛛丝马迹"。传统科研方法大多采用假设和验证的方法来分析问题，进而寻求解决途径。今天，数据处理技术和处理能力的突破，使数据分析所揭示的规律性结果第一次可以与人的智力创新相提并论。应用大数据技术，人们开展科学研究不再只是从提出自己的假设出发，也可以由数据驱动来引导我们发现规律，先进行数据分析，然后再提出科学假设。数据内容的极大丰富和数据处理能力的创造性提升，也正在改变着社会、经济、生活的方方面面。数据，从来没有像今天这样，活力无限。

1. 数据中的蛛丝马迹

　　我们常说"来无影，去无踪"，人们每天行色匆匆，却很难留下什么。在数据时代，这句话要改一改了。我们每天携带着具有定位功能的智能手机，移动互联网就可以通过通信基站和室内 Wi-Fi 信号定位手机所在位置，通过连接采样点形成手机持有者的运动轨迹，进而采样记录。虽然还不能做到如影相随，但轨迹数据也能反馈手机持有者某时某刻到过哪些地方这样一些信息。

　　在时空环境下，通过对一个或多个移动对象运动过程的采样所获得的数据信息包括采样点位置、采样时间、速度等，按照采样先后顺序就构成了轨迹数据。随着卫星、无线网络以及定位设备的发展，大量移动物体的轨迹数据呈急速增多的趋势，如交通轨迹数据、动物迁徙数据、气候气流数据、人员移动数据等。

轨迹数据有很多重要的用途。GPS定位终端按照一定的采样频率记录终端所在位置的经纬度信息，再通过无线网络将数据收集到服务器上，就形成了设备的轨迹数据。国内某重卡公司，应用GPS定位技术绑定所送车辆与送车队车载专用设备，将GPS定位信息定时自动发回系统数据库中，从根本上杜绝了送车过程中套用里程数的现象。快递物流行业，采用RFID标签和条码技术，对货物进行标记，借助车载GPS等完成定位和位置数据记录，形成货物的移动轨迹。在体育运动领域，获取运动员的肢体动作轨迹，成为辅助训练的研究热点。

快递轨迹图

轨迹数据挖掘是数据挖掘的一个新兴分支，其研究热点集中于轨迹数据聚类、轨迹数据分类、离群点检测、兴趣区域、隐私保护、位置推荐等方面。比如，可以利用轨迹数据解决城市非法停车的顽疾。非法停车会导致交通拥堵、空气污染和交通事故，是世界主要城市面临的一个普遍问题，而传统检测非法停车的手段高度依赖人力，例如，警察巡逻或监视摄像头，成本高、效率低。研究者借助共享单车的轨迹数据检测非法停车，因为大多数非法停车就在路边，会对自行车行进路线造成影响。他们首先提取共享单车轨迹信息，对正常轨迹进行建模，再借助轨迹评估发现非法停车事件，这个系统已经部署在美团单车的内部云上。

除现实中的轨迹以外，我们在网上的行为轨迹同样可以挖掘。利用百度统计功能就可以使数据分析者直观地获取网站统计数据。

2006年4月，美国著名网站设计师杰柯柏·尼尔森在他的《眼球轨迹的研究》报告中提出，大多数情况下浏览者都不由自主地以"F"形状的模式阅读网页，即用户打开网页的浏览顺序是：第一步为水平移动，第二步为目光下移，短范围水平移动，第三步为垂直浏览。这种基本恒定的阅读习惯决定了网页呈现"F"形的关注热度。

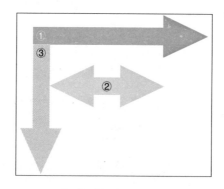

"F"形阅读网页模式

百度统计的页面点击图数据就验证了尼尔森的观点。图中覆盖网站页面的灰色区域是用户集中点击的网页内容，集中于网站左侧的项目分类和网页中间的广告位以下的区域，可以看到呈现向下、向右延展的"F"形分布特征。

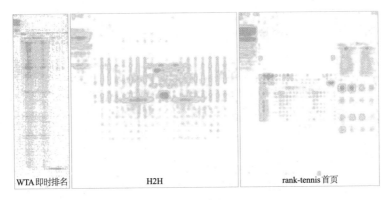

WTA即时排名　　　H2H　　　rank-tennis首页

百度统计获取的三个网页的页面点击图数据

网站的产品经理可以依据后台这些轨迹数据，直观而详尽地了解哪些栏目是用户感兴趣的，哪些链接是用户更愿意访问的，轨迹数据还能够帮助数据分析者分析点击区域的访客特征，分析页面的点击规律，了解用户习惯，重新定位网站布局来改善用户体验。除此之外，这些数据还可以分析用户点击网站的行为，了解用户点击的密度、用户关注的链接等，帮助网站进一步优化设计。

2. 量化出精准

数据可以帮助管理者将一切业务量化，从而对公司业务尽在掌握，进而提升决策质量和公司业绩表现。

被誉为科学管理之父的泰勒，早年做过学徒，后来从杂工、技工、技师、维修工一路成长为总工程师。1881年，25岁的泰勒在钢铁厂工作期间，通过对工人操作动作的研究和分析，消除不必要的动作，改正错误的动作，确定合理的操作方法，选定合适的工具……这些让泰勒总结出来一套合理的操作方法和工具来培训工人，使大多数人的工作量都能达到或超过定额。1911年，泰勒出版了《科学管理原理》一书，这是世界上第一本精细化管理著作。

对航空业来说，准时就是优质的服务，尤其是航班抵达时间精准。美国一家航空公司委托第三方调研公司Passur进行调查，发现大约10%的航班的实际到达时间与预计到达时间相差10分钟以上，30%的航班相差5分钟以上。Passur公司通过收集天气、航班日程表等公开数据，结合自己独立收集的其他影响航班因素的非公开数据，综合预测航班到港时间。使用Passur公司的服务后，这家航空公司大大缩短了飞机预测到达时间和实际抵达之间的时间差。

即使在瞬息万变的股票市场上，数据往往也能准确把握住稍纵即逝的机会。数学家詹姆斯·西蒙斯曾是纽约州立大学石溪分校数学系主任，"陈－西蒙斯形式"就是以陈省身和他的名字命名的。1976年他获得美国数学学会的范布伦奖。然而，西蒙斯更大的成功却是将数学应用于股市投资。西蒙斯领导的大奖章基金，在1989年到2006年的17年间，年均回报率达到了惊人的38.5%，比索罗斯同期的投资收益率高出10多个百分点，较同期标普的年均回报率则高出20多个百分点，而"股神"巴菲特20年间的平均回报率也不过20%。

西蒙斯将他的数学理论巧妙运用于股票投资实战中，其成功秘诀主要有三点：一是针对不同市场设计数量化的投资管理模型；二是以电脑运算为主导，排除人为因素干扰；三是在全球各种市场上进行短线交易。这种以先进的数学模型替代人为的主观判断，利用计算机技术制定策略的交易方式称为量化交易。

3. 数据产生智能

在实行阶梯电价的今天，高峰时段用电跟闲暇时段用电价格有时会相差1倍多。以山东电网为例，高峰、低谷时段电价按基础电价上下浮动60%，6月至8月是实施尖峰电价的时段，将高峰时段中的用电最高峰定义为尖峰时段，电价按基础电价上浮70%。

智能电表可以更精确地分辨家庭用电的时间区间，居民可以利用好用电的"峰谷"时段，在用电高峰期减少用电量，将一些电气设备的使用放在谷底时。电力公司也可以通过分析居民用电规律，制定更为合理的电力调度和峰谷电价策略。可以说，有了智能电表的数据，才真正实现了智能用电，这是一件利国利民的好事。

然而，人们很快发现，通过智能电表获取的精确用电分时数据，竟然可以发现居民使用电器的模式，继而推断居民家庭生活习惯和用户行为，甚至涉及用户隐私泄露问题。

每一种电器都有自己的用电模式，称为负荷特征。苏黎世联邦理工学院的研究者通过分析，建立了不同电器的用电指纹数据库。

有了这个数据库，再加上居民用电的详细数据，就可以推测居民家庭的用电规律了，就像图中所示，这户居民夜间只有冰箱在工作，7点半左右用了一次热水壶，8点左右用烤面包机做了早饭，9点到10点用洗衣机洗了衣服，下午2点到5点一直在用烤箱，晚上又使用了3次热水壶。

这个数据能干什么用呢？好的方面，电力公司可以帮助你制定最优用电策略，必要的时候也可以提供给公安部门，发现犯罪行为，定位犯罪地点，比如，国外利用用电数据发现开设地下赌场（超出普通家庭用电负荷）或者室内种植毒品的场所。但也可能有不好的方面，比如，将用户隐私用于推销，根据居民家庭洗衣机的使用模式，判断家庭人口数量、是否有婴儿，洗衣机是不是坏了，（如果有段时间没有使用），继而可以定向地推销商品。最危险的是一旦数据被犯罪分子利用，就有可能掌握居民家庭的作息模式等。

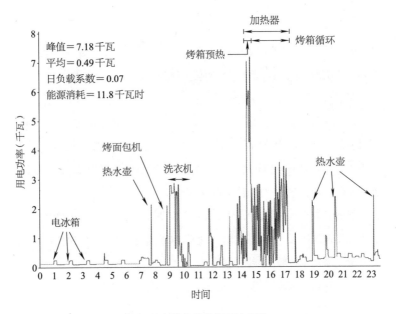

根据用电量曲线推断用电行为

这个问题已经引起了关注，2011年，美国加州公用事业委员会制定了新规则，以保护消费者使用"智能电表"电气服务的数据。加州是美国各州中第一个制定类似规则的州，它明确了消费者对自己家庭数据的访问和控制权、数据最小化义务、数据使用和披露的限制以及数据质量和完整性要求等。电力公用事业及其承包商以及从公用事业公司获得用电数据的第三方均需接受新规定的约束。

1997年5月11日，国际象棋冠军卡斯帕罗夫在纽约负于IBM超级电脑"深蓝"，从而在当年的"人机大战"中以一胜二负三和的战绩败北。到了2016年春天，阿尔法围棋（AlphaGo）与李世石的世纪对决引来全民关注，最终AlphaGo以开局3：0，全场4：1的比分，几乎横扫人类世界冠军。

从国际象棋到围棋，问题的复杂度有了指数级的增长。据测算，国际象棋的状态空间复杂度为 10^{46}，博弈树复杂度为 10^{123}，而围棋的状态空间复杂度为 10^{172}，博弈树复杂度为 10^{300}。

而从深蓝到 AlphaGo，反映了两代不同的人工智能机器人的技术路线。IBM 为了让深蓝学习下棋，手动给它输入了几百年来国际象棋高手对决的棋谱，而 AlphaGo 被放到围棋网游上，让它跟真人对决，自己积累经验。数据工程师从国际围棋网站上选取了 3 000 万局对弈数据，从每局中抽取一手，共 3 000 万手，用以训练策略网络。为达到更好的训练效果，在此之后 AlphaGo 用策略网络与自己对弈，产生出新的 3 000 万局数据，再次用于训练。AlphaGo 由此习得了人类棋手的下棋策略，学会针对某个特定局面，高手如何选择下一手的"大局观"。

人工智能通过大量的数据样本来"训练"自己，不断提升输出结果的质量。有时候谁能够取胜，并不取决于谁拥有更好的算法模型，而是看谁掌握着更多、更好的数据资源。2010 年以前，人工智能经过近 50 年的发展，对图像分类的准确率还只有 75% 左右，这意味着每 4 张图片会有一张分类错误。

2006 年，当时刚刚出任伊利诺伊大学香槟分校计算机教授的李飞飞意识到数据的重要性，她收集大量图片数据集，建立了 ImageNet 可视化数据库，里面有 2 万多个类别、超过 1 400 万幅经人工注释过的图像。2009 年，李飞飞等在 CVPR 2009 学术会议上发表了一篇名为 *ImageNet: A Large-Scale Hierarchical Image Database* 的论文，之后连续举办了 7 届 ImageNet 挑战赛（2010 年开始）。从 2010 年到 2016 年，ImageNet 挑战赛的冠军算法的图片分类错误率从 0.28 降到了 0.03，物体识别的平均准确率从 0.23 上升到了 0.66，已经超过了自然人的识别准确率。

现在，大数据智能结合无监督学习、综合深度推理等理论，建立数据驱动、以自然语言理解为核心的认知计算模型，形成从大数据到知识、从知识到决策的能力。

2017年，李飞飞领导的斯坦福大学视觉研究室将人工智能的研究成果应用到人口统计学中。他们利用应用程序收集了5 000万张图片，使用图像识别算法来学习自动收集汽车图片。在收集了每一辆汽车图片后，再用CNN模型来进行分类，判定每一辆车的品牌、型号、车型和年份。他们总共收集了2 200万辆（占全美汽车总数8%）汽车数据，然后将有关汽车类型和位置的数据与当前最全面的人口数据库、美国社区调查和总统选举投票数据进行比较，以预测种族、教育、收入和选民偏好等人口因素。

这个事情做起来其实并不容易，主要是数据量太大，如果靠人力来做这件事，按照每个人每分钟识别6张图像的相对较高速度，大约需要15年时间才能完成相同的任务。而李飞飞团队利用计算机先进的图像智能识别和分类算法，仅用了两周的时间，就按照品牌、型号和年份，将5 000万张图像中的汽车分类为2 657个类别。

接下来的工作就是从大数据到知识、从知识到决策的过程了。李飞飞团队从数据分析中发现了汽车、人口统计学和政治游说之间存在着简单的线性关系。数据分析结果显示出的关系出人意料地简单和有力：如果在一个城市里15分钟的车程中，遇到的轿车数量高于卡车数量，那么这个城市倾向于在下届大选中投票给民主党（88%的概率）；反之则倾向于投票给共和党（82%的概率）。这项研究表明，借助人工智能所能达到的分辨准确率和效率，能够有效地辅助劳动密集型的调查方法，可以接近实时地监测人口趋势。

4. 数据改变行业

电影《点球成金》讲述了一个将数据分析用于体育经营的故事：美

国棒球大联盟奥克兰运动家棒球队总经理比利·比恩在面对球队经费严重不足、缺乏优秀球员、球队缺乏自信心的情况下，独辟蹊径，采用创新性的球员计算模型，通过数据来分析球员的优势，挖掘最合适的球员，组建球队。最终将球队保持在优秀球队的行列，打破了棒球大联盟60多年的连胜纪录，创造了新的奇迹。

电影故事虽然富于传奇性，却掀开了数据分析魔力的一角。实际上，体育训练和比赛战术选择中，采用数据分析手段已经不是新鲜事。

总部设在法国的体育专业数据公司 AMISCO 公司是采集比赛球员各项数据的佼佼者，该公司为多家欧洲俱乐部提供比赛数据分析服务。在有数据采集的比赛中，赛场内会安装8部具有热成像功能的高级摄像机，用以记录比赛的全过程，摄像机录下的数据再被一套超级复杂的分析软件分析，而最终呈现给客户的结果，是分门别类、详细无比的统计数据。2017年6月，AMISCO 公司成为中国足协数据服务供应商。该公司称为 AMISCO PRO 的解决方案功能包括：

- 呈现球队球员的三维跑动；
- 与比赛录像同步；
- 整合（比赛辅助）图形工具，包括越位分析，运动员行动路线模块等；
- 个人和全队的完整统计数据；
- 图表、表格等清单形式的数据；
- 测量身体活动和体质的报告；
- 个性化规则设定；
- 可输出数据到第三方应用。

实际上，这背后最核心的技术是视频数据分析。足球视频自动分析、误判问题的解决等这些看似很复杂的问题，都依赖对视频的切割与跟踪，而跟踪算法背后又需要相关性模板匹配、基于光流场的运动跟踪、边缘检测等技术支持。

对足球视频中的球员进行识别跟踪，大致包括3个步骤：从视频中分割提取球员，辨别球员所属球队，跟踪球员。

① 根据足球场地的颜色特征，利用颜色分量差值的统计信息，从视频序列中自动分割球员；

② 充分利用图像的颜色信息，将球员与两个球队模板各颜色分量的归一化统计直方图做相关性比较，辨识球员所属的球队；

③ 利用球员的上下文信息，结合基于相关模板的匹配方法，实现对球员的跟踪。

实现了对球员的跟踪，射门、抢断、控球率等数据统计就容易解决了。

经常观看NBA比赛的观众会发现，一场比赛中，除了眼花缭乱的精彩比赛镜头，时不时飘过比赛画面的数据统计也非常及时。实际上，能像NBA这样把大数据用得如此得心应手的体育联盟估计找不出第二个。NBA大数据已经渗透赛场的几乎每一个角落，从主教练手上的iPad，到评论员面前的屏幕，乃至于虚拟的电子游戏中，到处充斥着得分、篮板、助攻、盖帽、抢断、失误、犯规等一系列的数据。

这一切是怎么做到的呢？如何才能高效实时地跟踪到这些数据呢？一家位于美国堪萨斯州的创新企业——ShotTracker，给出了自己的答案：用可穿戴传感器来实时跟踪和分析。ShotTracker成立于2013年，这家可穿戴技术与大数据分析初创企业获得了500万美元的种子轮融资，NBA球星魔术师约翰逊与前NBA总裁大卫·斯特恩亦有参与。此轮融资所得将用于产品微调以及在美国搭设10个演示中心的工作。

ShotTracker的第一代产品由一个手腕传感器和篮网传感器组成，售价为149美元。手腕传感器可以检测出运动员的投篮，而篮网传感器则可以检测出球是否投进。在收集到足够多的数据之后，ShotTracker就可以分析出运动员的投篮情况，并且给出投篮的改进建议。尽管这个东西比较有趣，但职业团队认为这只是针对个人，对球队练习帮助不大。于是ShotTracker把原来的产品推翻重来，做出了ShotTracker team。这款产品由安装在每位球员鞋带上的传感器（跟踪球员运动）、安装在球内的传感器（跟踪球的运动）以及4个球场传感器（跟踪额外运动）组成，可以实时对整支球队（最多18人）进行分析。

可以安装在比赛用球、球鞋和场地上的数据传感器

这套跟踪装置除了可以实时展示练习情况，其最大的好处是把以往通常由人工进行的数据统计工作自动完成。比如，失误数、抢断数、助攻数、得分数等都可以由算法自动计算，唯一需要人工统计的是犯规数，统计结果被传到展示终端上。

当然，自动化跟踪装置的代价自然也不菲，整套装置设备需要3 000美元，额外分析服务1 200美元/年起步。但是对NBA职业球队和大学篮球队来说，这点儿钱根本就是"毛毛雨"。只要有助于球员提高能力，球队提高成绩，这样的大数据分析服务肯定物有所值。而约翰逊和斯特恩同时还担任了ShotTracker的顾问，这必然有助于ShotTracker在职业球队的推广。

但是ShotTracker的远期目标比NBA市场更大——其愿景是成为体育馆的必备装备，就像咖啡厅的Wi-Fi一样。其想法是在体育馆预装球场传感器，接受服务的球队和球员只要穿上带兼容传感器的球鞋就能获得NBA球队级别的分析服务。此外，ShotTracker还准备把类似技术应用到棒球等其他运动上。

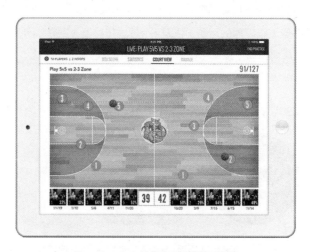

ShotTracker的数据分析展示终端

现代F1赛车比赛也是一项数据驱动的运动。作为世界上最昂贵、速度最快、科技含量最高的运动，F1赛车引擎的"巨大轰鸣声"让无数车迷疯狂，对每一个成功的F1车手来说，他背后都离不开团队成员及高科技设备的支持以及获胜的关键信息——赛车数据的支持。对凯特汉姆车队来说，戴尔所提供的设备和技术支持则是车队获胜的关键法宝。正是得益于一次次的数据分析和推理，赛车手才能够最终登上冠军的领奖台。

在凯特汉姆使用的企业级计算环境中包括两套重要的计算系统，一套是位于英国伦敦总部的高性能计算环境，另一套则是位于F1比赛现场的赛道IT环境，两套计算环境各司其职。位于凯特汉姆伦敦总部的高性能计算环境主要应对流体力学方面的计算，具体就是在高性能计算环境中精确地模拟风洞，从而改进赛车的设计。位于F1比赛现场的赛道

IT环境则是车队取得更好成绩的重要保证。戴尔提供的赛道IT系统，负责对比赛过程中赛车上数百个传感器数据的实时收集、分析，并将赛车的发动机状态、燃油水平、轮胎情况、车手状态以及赛车的其他各项指标分析呈现，并根据现场比赛条件对赛车和路线进行优化，以帮助实时地做出策略上的改变。

赛车比赛，差之毫厘，谬以千里，需要关注每一个细微的方面。天气也是影响赛车表现的关键因素之一，包括气压、温度、风向、降水在内的气象数据是制定车手比赛策略和战术的重要参考。例如，轮胎配置必须在赛前14周完成，而准确的历史气象数据对于出赛轮胎的选择至关重要。临近比赛日时，比赛场地的近期和历史气象趋势将用于模型计算，帮助车队为赛车的动力表现设置高精度基准线，确保赛车在赛道上发挥最佳水平。

因此，专业的天气数据公司The Weather Company也成了F1车队的合作伙伴。这家隶属于IBM的天气预报公司凭借其全球领先的强大、精密数据分析引擎，可提供全球22亿个位置的天气预报信息，每天响应来自全球3 500家企业客户的500亿次气象信息请求，帮助他们做出更准确合理的商业决策。阿斯顿·马丁红牛车队的运作团队就是通过定制接口实时获取The Weather Company为车队量身定制的任意地点准确的天气预报，帮助车队完成从赛前活动管理到出赛的工作规划，整体提升车手表现。

第三部分

开启数据元宇宙

第十一章
数字孪生

1. 数据可视化

　　人类大脑对视觉信息的处理优于对文本的处理，因此使用图表、图形、设计元素等可视化形式可以帮助人们更容易地解释数据模式、趋势、统计数据和数据相关性。一个最常见的例子就是股票变化的K线图，涨跌趋势，一目了然。所谓的数据可视化就是借助图形化手段表现数据，清晰有效地传达与沟通信息，核心是利用人类视觉系统来更直观地理解抽象数据背后的特征。

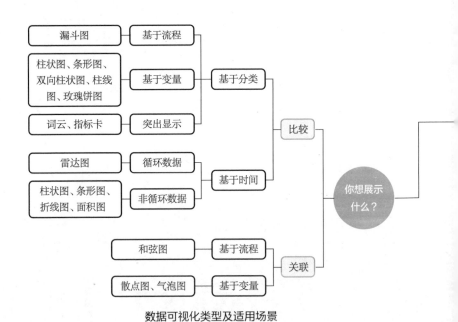

数据可视化类型及适用场景

可视化的最高境界是有效地传达思想观念，同时兼顾美学形式与功能，数据学家和计算机视觉研究者已经开发出了很多种可视化数据的形式，除了传统的柱形图、折线图、饼图、散点图、气泡图、雷达图等图表形式，还发明了更现代的热力、气泡、立体柱状、立体热力、密度分级渲染、热力渲染、静态线、飞线、动态网格密度、蜂窝网格密度等图形形式，可以通过各种动画图等动态方式展现数据的变化，极大丰富了数据信息的表达力。

大数据具有价值稀疏性的特点，有价值的数据线索往往隐藏在庞杂的数据后面。除了直观地传达数据表层的关键特征，可视化还有助于实现对那些稀疏而又复杂的数据集的深入洞察。因此，在对数据进行可视化之前，需要先分析数据及其隐藏的内在模式和关系，设计好的可视化

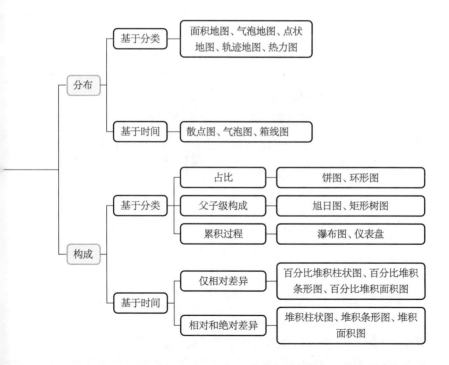

形式，然后再利用计算机生成图像，呈现数据。技术始终还是要服务于内容，因此好的可视化技术往往是在对数据充分理解的基础上研发出来的。数据内容需求无止境，可视化技术开发就无止境。

枯燥的数据经由可视化手段展现，令人耳目一新，比如，新华网数据新闻部联合浙江大学可视化小组研究团队，对《全宋词》近21 000首词作、近1 330家词人进行了分析和可视化，提供了解读中国古典诗词的有趣视角。

两宋三百余年，2万多首宋词佳篇，或豪放，或婉约，传诵至今。宋词中，哪些词最常出现？词频统计告诉我们，"何处""东风""人间"是最常见的3个词。此外，"西风""春风""风流""归来""相思"等也用得比较频繁，说明宋词的整体风格还是偏婉约。

《全宋词》词频统计结果

除了图、表，还可以实现立体可视化。与静态数据可视化相对应的，还可以实现动态可视化，这对于那些具有时空属性的数据表达尤为直观。比如，可以将某地立体分层的气象数据，用三维形式展现出来，这对于分析判断天气的变化，就格外方便。如果再叠加上气象数据的实时变化，那就真的可以"坐看风起云涌，静待云卷云舒"了。

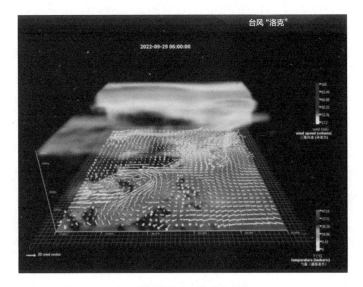

台风"洛克"的三维动态信息

2. 沉浸在虚拟现实

虚拟现实技术，顾名思义，就是在虚拟空间呈现的现实。这个虚拟空间又称为赛博空间，是存在于计算机及计算机网络里的虚拟世界。

虚拟与现实两词具有相互矛盾的含义，虚拟现实中的世界是逻辑的和想象出来的，想象空间中有一个原点（0,0,0）和3个互相垂直的坐标轴 x, y, z，就可以构造出一个虚拟的立体空间，再把各种各样的物体摆放在合适的三维坐标位置上，就构成了虚拟的世界。虚拟空间中的物体可以用虚空间中的若干点表达，每个点都有自己的坐标，这些坐标就是数据，很多个点构成点云，然后将点云按一定规则连接成三角面片，就可以表示物体的表面。如果点云足够细密，三角面片足够小，就可以获取高精度的三维模型。所以，虚拟现实就是这样一个数据世界。

有研究指出，五感中的视觉约占83%，听觉约占11%，其他触觉、嗅觉及味觉则会小于6%，所以以视觉为主的虚拟现实技术能够非常好地呈现虚拟世界。我们所看到的一切，不过是视网膜上的影像。过去，视网膜上的影像都是真实世界的反映，因此客观的真实世界同主观的感觉世界是一致的。计算机重构的三维虚拟场景，同样需要经过光照和物体表面纹理的渲染，再根据用户的观察视角计算出投影，就可以模拟用户逼真的视觉感知。用户还可以在这个虚拟空间中移动，计算机立即根据用户与物体位置、用户的视角变换进行复杂的运算，再将精确的三维世界影像投影传递给用户，产生临场漫游感。

虚拟现实的概念最早来自斯坦利·G. 温鲍姆的科幻小说《皮格马利翁的眼镜》，这部科幻作品描述了以嗅觉、触觉和全息护目镜为基础的虚拟现实系统。由于用户对视听交互的真实感需求不断进阶，虚拟现实的发展并不是很顺利，一旦技术跟不上用户的需求，产业就会陷入低谷。实际上这主要是受限于计算能力，人们在数据内容创造上的想象力可以天马行空，创作时可以穿越历史、纵横星际、如梦如幻，但从数据重构虚拟现实场景来看，尤其是要做到高清和实时，就需要强大的计算能力。

虚拟现实的"沉浸"感是一个很重要的指标，就是让参与者得到一种酷似真实环境、可以完全投入情境中的感觉。怎样才能做到具有真实感呢？人眼在1米的观赏距离，无法清楚分辨出间距小于0.29毫米的两个像素点，所以要想在浏览过程中欺骗大脑，达到视网膜级别的真实感体验，输出图像需要至少16K分辨率。另外，秒刷新帧数要达到120，网络延迟需要小于7毫秒，才能达到无眩晕感的体验。这就要求数据带宽必须超过4.2Gbps。2019年，5G技术的出现，让虚拟现实迎来新的机会，5G技术所具有的高带宽、低延迟特征恰好满足了虚拟现实应用的需求。

另外，虚拟现实中的真实感实时渲染技术也在快速发展，与影视特效动辄数月乃至以年计的渲染周期不同，虚拟现实的强交互性需要另辟蹊径，如发展云渲染、人工智能与注视点等技术，进一步优化渲染质量与效率间的平衡。内容制作方面，六自由度视频摄制、虚拟化身等技术的发展进一步提升了在虚拟现实空间中体验的社交性、沉浸感与个性化。感知交互方面，内向外追踪技术已全面成熟，手势追踪、眼动追踪、沉浸声场等技术使虚拟现实中的交互更加自然和智能。

就像当年智能手机带动了短视频和手游内容一样，硬件技术的突破也为虚拟现实的内容建设打开了空间，围绕虚拟现实的内容生态建设已经成为产业发展的下一个蓝海。

3. 增强现实与扩展现实

虚拟现实多是指已经包装好的视觉、音频数字内容的渲染版本。而现实应用中，我们还需要在虚拟现实数据信息上，叠加当前真实世界环境的真实图像，这就是增强现实。混合现实可以看作增强现实的高级形式，是将虚拟元素融入物理场景中，虚拟叠加的内容能够与现实世界进行实时交互，比如，虚拟汽车可以避让现实场景中的障碍物。

增强现实系统的关键在于如何将增强虚拟对象与实际环境结合，需要从摄入设备中的影像中获取真实世界的坐标，再将增强对象叠合到坐标上。混合现实则更要求空间一致性，如果用户在现实世界中移动，那么虚拟叠加内容应当锚定在现实世界中。

在工业领域，通过视觉识别设备，匹配上工业物联网连接的实时数据，增强现实手段就可以将数据融合到视觉中，实现直观、实时的设备监测，帮助工人实时了解设备运行状态便捷地操控现场设备。增强现实还可以用于设备、技术的远程专家支持，维修、操作指导和培训考核。

179

比如，在国产大飞机等复杂装备的制造和装配的过程中，涉及很多精细且关键的操作，如飞机线缆束很复杂，需要将很多条线束与多孔连接器连接起来，孔与孔之间的距离很小，常规的接线操作，需要3个工人同时协同工作，分别担任操作、指导、检测的角色，工作繁杂且易于出错。现在利用增强现实设备辅助操作，原先3个人需要花2个小时才能完成的80孔连接器端接工作，一个操作人员20分钟就能够完成任务，即使是非熟练操作人员也能快速上手。

叠加到车间场景中的增强现实看板

增强现实的典型应用是战机飞行员的平视显示器，它可以将仪表读数和武器瞄准数据投射到飞行员面前的穿透式屏幕上，使飞行员在飞行和作战中不必低头读取座舱中仪表的数据。在消费领域，百度、高德等都已经将增强现实技术应用在了地图产品中，通过增强现实实现精准导航。

还有一个概念叫扩展现实，简称XR，这里的"X"包含了增强现实技术、虚拟现实技术和混合现实技术，综合了计算机技术、感知和交互设备等，构建真实和虚拟融合的环境。扩展现实以其三维化、自然交互、空间计算等不同于当前互联网终端的特性，被认为是下一代人机交互的主要平台。

增强现实地图导航

4. 数字孪生

　　数字孪生的概念来源于CAD技术，自从有了数字化，制造业经历了由实到虚，又由虚到实，最终实现虚实结合的过程。使用计算机以后，所有工程信息，如图形、尺寸、符号等，都是以数字的形式表现的。计算机图形的生成与手工在图板上绘图不同，必须先建立图形的数字模型和存储数据结构，通过有关运算，才能把图形储存在计算机中或显示在计算机屏幕上。随着计算机技术的发展，有了CAE等仿真手段，计算机逐步代替人脑承担起复杂的计算和分析工作，通过数据化实现了产品由物理空间到信息空间的转换，这是由实到虚的过程。

1952年，美国首先研制成功数控机床。1958年，随着刀库的发明，出现了能在一台机床上通过自动换刀实现铣、钻、镗、铰及攻丝等多种加工的数控加工中心。数控机床接受产品数据、操作指令的输入，完成制造加工过程。目前，五轴联动数控机床系统是解决叶轮、叶片、船用螺旋桨、重型发电机转子、汽轮机转子、大型柴油机曲轴等复杂产品加工的唯一手段。来自数据空间的指令直接操纵设备，就是实现了由虚到实的转换。

虚实相互打通，就有了数字孪生的概念。数字孪生一词最早由密歇根大学格里夫斯教授提出，数字孪生在数字世界建立一个与真实世界系统运行性能完全一致，且可实现实时仿真的仿真模型。但一个描述钟摆轨迹的方程式通过编程形成模型后，是一个钟摆的数字孪生吗？不是。因为它只描述了钟摆的理想模型（例如，真空无阻力），却没有记录它的真实运动情况。只有把钟摆在空气中的运动状态、风的干扰、齿轮的损耗等数据通过传感器实时馈送到模型后，钟摆的模型，才真正成了钟摆的数字孪生。因此，数字孪生不应该只是反映预设属性下的仿真结果，而是要反映真实的结果。

美国国防部最早提出将数字孪生技术用于航空航天飞行器的健康维护与保障。首先在数字空间建立真实飞机的模型，并通过传感器实现与飞机真实状态完全同步，这样每次飞行后，根据结构现有情况和过往载荷，及时分析评估是否需要维修，能否承受下次的任务载荷等。

美国空军研究实验室2013年发布的Spiral 1计划就是其中重要的一步，该计划以美国空军装备的F-15战斗机为测试平台，集成现有最先进的技术，以当前具有的实际能力为测试基准，从而标识出虚拟实体还存在的差距，通用电气公司和诺思罗谱·格鲁曼也参与了此项工作。通用电气公司还把数字孪生作为工业互联网的一个重要概念，力图通过大数据的分析，完整地透视物理世界机器实际运行的情况。而产品全生命周期管理（PLM）厂商PTC公司更为激进，将数字孪生作为主推的"智能互联产品"的关键性环节，智能产品的每一个动作，都会重新返回设计师的桌面，从而实现实时的反馈与革命性的优化策略。

数字孪生还体现了软件、硬件和物联网的回馈机制。数字孪生的关键点是数据可以双向传输、双向赋能，从物理孪生体传输到数字孪生体的数据往往源于物理孪生体传感器（例如，GE用大量传感器观察航空发动机运行情况）；反之，从数字孪生体传输到物理孪生体的数据往往是出自科学原理、仿真和虚拟测试模型的计算，用于模拟、预测物理孪生体的某些特征和行为，例如，用流体仿真技术计算汽车高速行驶的风阻力。数字孪生的双向赋能体现在两个方面：一方面，基于数据模型执行各类仿真、分析、数据积累、数据挖掘以及更复杂的人工智能计算工作，可以充分利用云、边、端的计算能力，及时得到优化结果，驱动物理系统运行更加优化；另一方面，现实物理系统向虚拟数据模型的实时反馈，可以将物理世界发生的一切，及时、真实地传递到数据空间中，保证数字世界与物理世界的协调一致。

数字孪生正在引导人们穿越虚实之间的界限，在虚拟世界与现实环境之间自由地交互。美国《航空周报》曾经做出这样的预测："到了2035年，当航空公司接收一架新飞机的时候，还将同时验收另外一套数字模型。每个飞机尾号，都伴随着一套高度详细的数字模型。"每一特定架次的飞机都不再孤独。因为它将拥有一个忠诚的"影子"，终生相伴，永不消失，这就是数字孪生的本意。

在更大的范围内，如智慧城市中的物联网传感器也在持续生成城市运行的环境数据。未来，城市里的每一个物理实体都将有一个数字孪生，如楼宇、街道、地下综合管廊以及其他基础设施等，将组成城市数字孪生，实现更加智能的城市管理。

第十二章
构建数据世界的规则

1. 如何认证"我是我"？

在物理世界中，人们可以通过生物特征识别一个具体的个体，这些生物特征包括一个人的面相、指纹、指静脉、虹膜、DNA等。但在数据世界中，证明"我是我"就成了比较难的一件事情，人们很难信任隔着网线或者Wi-Fi信号的客体是真实的那个人，或者干脆是不是一个"人"？

CA（Certificate Authority）认证，即电子认证服务，就是为数据世界里的相关各方提供真实性、可靠性验证的活动，通过颁发数字证书（CA证书），确认网络中传递信息的个人身份，确定网络中一个人的真实性，即确保个人线上身份同线下身份一致。CA证书由合法的CA机构在遵循国际国内相关标准规范的基础上颁发。

数字证书认证系统基于公开密钥基础设施关键技术构建。一般来说，加密需要密钥，对称加密需要用同一个密钥，交易双方都使用同样钥匙，安全性得不到保证，而非对称加密使用一对"私钥—公钥"两个密钥，用私钥加密的内容只有对应公钥才能解开，反之亦然。公钥是公开的，并且不能通过公钥反推出私钥，通过私钥加密的密文只能通过公钥解密，通过公钥加密的密文也只能通过私钥解密。

数字证书就是用到了这个原理，数字证书里一般会包含主题公钥、主题名字、签名算法和签名值、有效期、颁发者名字、证书序列号等信息。其中，证书的数字签名是用CA的私钥将证书内容的摘要进行加密生成的。而因为CA的公钥是公开的，任何人都可以用公钥解密数字签

名得到证书原文的摘要，再用同样的摘要算法提取证书的摘要，两相比
对，若一致，则说明这个证书是可以信任的。

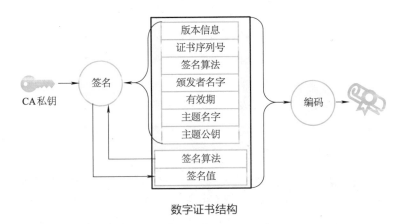

数字证书结构

具有权威性的CA机构为每个使用公开密钥的用户发放一个数字证
书，其作用是证明证书中列出的用户合法拥有证书中列出的公开密钥。
CA机构的数字签名使攻击者不能伪造和篡改证书，它负责产生、分配
并管理所有参与网上交易的个体所需的数字证书，因此是安全电子交易
的核心环节。

想获取证书的用户，应先向CA机构提出申请，CA机构判明申请
者的身份后，为其分配一个公钥，并将该公钥与其身份信息进行摘要运
算，得到证书的摘要，CA机构用自己的私钥将摘要进行签名算法，生
成证书的数字签名，将证书信息和证书数字签名一起发还给申请者。如
果一个用户想鉴别另一个证书的真伪，就可以用CA的公钥对那个证书
上的签名进行验证，若验证通过则该证书被认定为有效。

网络中有各种各样的客体，都需要认证：

- 法人证书。用来证明单位、组织在互联网上的数字身份，包含
机构信息和密钥信息，可用于工商、税务、金融、社保、政府采购、行

政办公等一系列的电子政务、电子商务活动。

- 个人数字证书。用以标识个人在网络中的数字身份，包含证书所有者的信息、证书所有者的公开密钥和证书颁发机构的签名等内容。用户使用此证书在互联网中标识证书持有人的数字身份，用来保证信息在互联网传输过程中的安全性和完整性。利用数字证书进行数字签名，其作用与手写的签名具有同等法律效力。

- 设备证书。主要签发给 Web 站点或其他需要安全鉴别的服务器或客户端，包含持有证书的服务器或客户端的基本信息和密钥信息，用来证明服务器或客户端的身份信息。

- SSL（Secure socket layer）证书。通过在客户端浏览器和 Web 服务器之间建立一条 SSL 安全通道安全协议，用来提供对用户和服务器的认证，并对传送的数据进行加密和隐藏，确保数据在传送中不被改变。

数字证书的作用主要有验证身份真实性、防篡改、防抵赖和保密性。依据《中华人民共和国电子签名法》，数字证书具有法律效力。这样，我们就有了一种在数字世界中证明自己的手段，在数据的世界里，通过验证对方证书的有效性，解决彼此之间的信任问题。

2. 防止数据被篡改，拒绝抵赖

数字证书可以用于验证身份的真实性，但我们还要保证数据资产的安全，防止数据被篡改，拒绝恶意行为被抵赖。

为了防止物理数据被篡改，人们想了很多办法，比如，在文件上盖上火印或者印章，财务记账用大写中文数字"壹、贰、叁、肆、伍……"。电子化的数据易于传播，也更容易被篡改和丢失，人们也想了很多办法，如对数据做 MD 5 签名，对数据库操作进行日志记录以防止非法登录等。直到区块链技术的出现，人们终于找到了防止篡改、拒绝抵赖的好办法。

区块链借由密码学与共识机制等技术，因按照时间顺序将数据区块以顺序相连的方式组合成链而得名，并以密码学技术保证数据不可篡改和不可伪造。

区块链的本质是一个分布式的公共账本，其数据保存在分布式节点上，修改大量区块的成本极高，只要不能掌控全部数据节点的51%，就无法肆意操控修改数据，且破坏数据并不符合重要参与者的自身利益，这就是区块链的共识机制设计。这种机制使区块链参与者彼此保护，又相互牵制，再加上密码技术保证数据安全可靠性，因此区块链的数据稳定性和可靠性都极高。

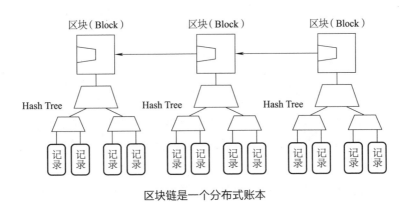

区块链是一个分布式账本

在数据被记录到公共账本之后，任何人都可以对这个账本进行核查，但共识机制确保了任何单一用户都无法更改交易。如果交易记录包含错误内容，则必须添加新交易以撤销该错误，然后这两笔交易都是可见的。

区块链中的数据用哈希算法确保不可篡改，哈希算法是一种数学运算，输入一段数据，以一种不可逆的方式将它转化成一段长度较短、位数固定的输出数据。目前区块链普遍采用的SHA256哈希算法的哈希长度是256位，不管原始内容是什么，一个文本文件或者是一部记录两个小时电影的数据文件，最后都会计算出一个256位的二进制数字。256位的数据虽然写出来是个不长的数，但这个数字的取值空间实际上已经足够庞大，大到只要原始内容不同，对应的哈希结果一定是不同的。哈希运算是一种单向计算，不可逆，也就是说无法通过哈希值倒推出原始数据。哈希算法还有个"雪崩效应"特征，就是输入数据哪怕只有细微的区别，输出的结果也会天差地别。

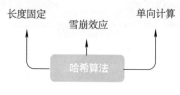

哈希算法的主要特征

可以把区块链中的哈希操作想象成一个"骑缝章"：

骑缝章＝hash（本页内容，上页的骑缝章，时间戳）

这样，区块链的哈希值就可以唯一地、不可逆地、准确地标识一个区块。

区块链使智能合约成为现实。所谓智能合约，就是一个在计算机系统上，当一定条件被满足时，可以被自动执行的合约。现实中，很多人每个月信用卡的到期还款是自动执行的，从关联的储蓄账户扣除信用卡透支的款项，这源于我们对银行的信任。而部署在区块链分布式账本中的智能合约代码也能够承担接收、储存和发送价值的功能，这是源于对区块链"不可篡改"机制的信任。当有事件触发了区块链所保障的智能合约的自动执行，那交易就可以执行下去。

区块链解决了数据所有者之间的存证、数据协作、数据共享、数字凭证可信流转、交易溯源等难题，发挥了防篡改、拒抵赖的效力。最终，凭借区块链技术，我们在数据空间这个彼此看不到摸不着的"多方不可信"环境中建立起了信任关系。从目前应用场景来看，区块链已经不仅限于比特币这类虚拟货币应用领域，而是面向电子政务、民生服务、金融、供应链等领域，用于数据资料的存证、溯源、数据赋能等更广泛的应用。

3. 数据标识与NFT

未来是万物互联的智能世界，过去10年全球物联网连接数的年复合增长率达到10%，2030年物联网连接数将较网民数有数量级的增加。据IDC估计，随着采用率的提高，到2025年，物联网设备产生的数据将达到73.1ZB，而2020年全球数据总量只有44ZB。

如此庞大的数据量，带来数据处理与分析的难题。要挖掘数据的价值，就需要理解并掌握物联网产生的各类割裂数据的来源、流动过程、用途等，解决"数据孤岛"这一现象。数据标识可理解为物联网设备的"身份证"，就是赋予每个设备、产品、数字对象一个全生命周期的唯一的证明，以实现数据资源的区分和管理。

在工业领域，我国已建立了工业互联网标识解析体系，自上而下分为国际根节点、国家顶级节点、二级节点、企业节点和递归解析节点。针对企业使用的不同标识体系，提供公共标识解析服务，帮助企业实现各环节、各企业间信息的对接与互通，将"数据孤岛"转变成基于统一标识的全流程数据自由流动体系，实现设计、生产、市场、售后信息的全面数字化与交互。

工业互联网的标识解析，本质是将工业互联网标识翻译为物体或者相关信息服务器的地址，并在此基础上增加了查询物品属性数据的过程，从而支撑工业互联网中数据资产的传递。以设备资产健康管理为例，可以通过对该设备的每个核心零部件赋予唯一标识，将核心零部件与整机组设备信息相关联，实现生产运行智能监控及优化，设备故障主动预测维修。在设备运行时，通过对设备工作参数、环境参数、产品质量数据的全面采集，建立设备性能模型，进行设备状态分析和效能分析，寻找运行优化解决方案，提高设备利用率和产品质量，降低成本。

近几年出现的NFT是另一种数字资产凭证，NFT全称是非同质化代币，是随着区块链的发展而产生的，它被称为区块链数字账本上的数字资产凭证，每个代币可以代表一个独特的数字资产。这里的"同质化"指的是本质与价值相同，非同质化则指本质不同，价值也不同。可以通俗地将NFT理解为登记在区块链上的数字资产"证书"，当数字资产被铸造成NFT后，它将被永久储存在区块链上，具有唯一性、不可分割性及可交易性和可追溯性的特点。

NFT可以是任何数字化的东西，它的价值不在于被数字化的数据资产本身，而是大众对这个数据资产价值的"共识"。2021年春，无聊猿游艇俱乐部引领了一波NFT热潮，4月22日晚，30只"无聊猿"NFT最先被"铸造"出来。次日，剩下9 970只数字猿猴的所有权以单价0.08以太币（ETH）出售，形态各异的"无聊猿"形象被陆续揭开。4月30日，"无聊猿"NFT正式上线，到5月1日即售罄。5月，包括达拉斯小牛队老板马克库班在内的部分名人开始买入无聊猿，这使无聊猿进入名流圈层，越来越多的社会名人开始关注或买入无聊猿，使之成为名流圈层的社交货币。其中，NBA球星库里花了55个ETH买下一个无聊猿NFT，约合18万美元，篮球明星奥尼尔、足球明星内马尔、周杰伦都成为无聊猿NFT的拥有者。

事实上，NFT只是用来标记这个无聊猿特定资产的所有权，由于名人的竞相追捧，NFT成为一种身份的象征。高资产人士对NFT有共识且有预期，有共识便会有价值，正是因为库里、周杰伦等购买了无聊猿

NFT，那张本来不值钱的图片便因此而具有了价值。因此，社交关系、线下权益与增值空间均是抬升NFT价格的因素，NFT的可交易性更让它带有了金融的属性。

曾经，拍卖行主要拍卖古董或者大师的艺术品。但2021年9月，世界知名拍卖行苏富比以2 620万美元的价格拍出了101个无聊猿NFT和101个无聊猿犬舍NFT（无聊猿的配属产品）。负责此次活动的珠宝专家蒂芙尼·杜宾指出，对30岁以下的消费者来说，数字资产已经变得与实体资产一样重要，奢侈品的含义已经被重新定义，这也是苏富比拍卖行未来努力的方向。不过换一个角度思考也许就想通了，凡·高的《向日葵》当年拍出4 000万美元的天价，那是人们对这幅画的价值的认可。无聊猿NFT已经给大众留下了稀缺、昂贵的认知印象，大众认可其价值也就不奇怪了。

NFT在我国也催生了"线上文博"的热潮，敦煌研究院、南越王博物院、中国文字博物馆、甘肃省博物馆、河南博物院等国内文博机构，纷纷与国内互联网企业合作，集中上线了一批文物数字藏品。

当每一个数据对象都能够被标识，每一份数据资产都能够被定价，就构造了未来数据世界的基本经济规则。

4. 数据隐私与隐私保护

数据共享也带来了安全和隐私方面的挑战。我们常说大数据时代没有真正的隐私。因为数据的关联性，我们想方设法保护的个人身份、隐私属性，往往因为数据之间千丝万缕的联系，而被算法合理合法的推理发现了。在机器学习的推动下，数据挖掘和分析能力越来越强，但需要在保护数据隐私的前提下进行数据协作，获取数据价值。

为了在保护数据本身不对外泄露的前提下实现数据分析计算，现在已经专门发展出了一门技术——隐私计算技术。隐私计算融合了密码学、人工智能、计算机硬件等众多学科，逐渐形成了以多方安全计算、联邦学习、可信执行环境为代表，以混淆电路、秘密分享、不经意传输等作为基础支撑技术，以同态加密、零知识证明、差分隐私等作为辅助技术的相对成熟的技术体系，为数据安全合规流通提供了技术保障。

为了保护数据中的用户隐私，在公开某些数据时，往往会做"脱敏处理"或者"匿名化处理"，意思是把其中一些隐私数据去掉。例如，根据美国法律，由受保护实体（或受保护实体的业务关联企业）创建或收集的，能够与特定个人关联的，有关健康状况、医疗保健提供或医疗保健支付等信息，被称作受保护健康信息。受保护健康信息数据在公开发布前，数据使用者（通常是研究人员）应当对其进行数据脱敏，删除其中可供识别个人的内容，以保护研究参与者的个人隐私。根据健康保险便利和责任法案隐私规则，数据需要通过下列步骤完成身份识别内容的清洗：

① 移除姓名、地理位置、电话号码等18个身份标识符；

② 统计专家证实该数据集被重新识别的可能性极低。

这里面，第一条比较容易做到，但第二条则需要谨慎的评估，这就涉及差分隐私的问题。

差分隐私是指：在公开数据库统计数据时，如果一个人的数据不在数据库里，那他的隐私就不会被泄露。因此，差分隐私旨在为每个个体提供与将其数据移除可以带来的隐私保护水平几乎相同的程度。也就是说，在数据库上运行的统计函数（例如，求和、求平均等）不能过于依赖任何个体的统计数据（不能依赖任何单一记录）。从另一个角度来理解，差分隐私就是评判可否公开数据库统计特征的算法的一个约束条件，该约束条件要求数据库各记录中的隐私信息不被公开。

差分隐私如此优秀，那具体怎么实现呢？一个很自然而然的想法是"加噪声"。差分隐私可以通过加适量的干扰噪声来实现，目前常用的添加噪声的机制有拉普拉斯机制和指数机制，其中拉普拉斯机制用于保护数值型的结果，指数机制用于保护离散型的结果。

差分隐私保证了数据被用于研究或分析的同时，不会造成数据泄露。在最好的情况下，不同的差分隐私算法可以使被保护数据既可以广泛用于准确的数据分析，又无须借助其他数据保护机制。2016年，苹果公司宣布使用本地化差分隐私技术来保护其iOS、MAC的用户隐私，谷歌公司也利用本地化差分隐私技术保护每天从Chrome浏览器采集的超过1 400万个用户行为的统计数据。

在执行数据搜索或数据分析过程中往往既要实现数据被有效利用，又要保护参与方的数据信息不被滥用，有两种思路，一种是基于加密的同态加密技术，另一种是基于分布式学习的联邦学习技术。

同态加密是一种加密形式，原始数据经过同态加密后，生成密文数据，经过计算处理，形成密文结果。然后进行同态解密，得到的计算结果与将原始数据直接计算处理所得到的计算结果一致。这项技术使人们可以在加密的数据中进行诸如检索、比较等操作，得出正确的结果，而在整个处理过程中无须对数据进行解密。

联邦学习作为一种特殊的分布式机器学习方法，它在保护原始数据隐私安全的前提下对数据持有者进行联合建模。数据持有者无须将本地的原始数据上传至中央服务器，而是在各自的本地设备上进行机器学习模型训练，最后中央服务器再将所有数据持有者的本地模型融合得到一个全局模型，满足了数据不出本地前提下的学习。联邦学习需要解决的主要问题是这个联合模型和通过传统方式直接将各方数据聚合在一起训练出来的模型在性能上基本一致。

上述技术在保护多参与主体数据不对外泄露的前提下，实现了数据融合分析计算与价值挖掘，通过"原始数据不出域""数据可用不可见"等特性，显著降低了公共数据开放与利用的风险，有助于推动公共部门开放更多的高质量数据，促进市场和社会的数据利用。

第十三章
数据元宇宙

1. 数据自成一界?

复旦大学朱扬勇教授在所著的《数据学》一书中提出了数据自然界的概念,认为:"人类在认识由宇宙和生命组成的真实自然界的过程中,产生的成果存储在计算机系统中,在不知不觉中创造了一个由计算机中的数据构成的数据自然界,数据自然界中的数据以自然方式增长而不为人类所控制,数据自然界具有未知性、多样性和复杂性的特点。"

2013年5月29—31日,主题为"数据科学与大数据的科学原理及发展前景"的香山科学会议第462次学术讨论会在北京召开,与会专家也给出了类似的数据界的概念:数据是网络空间的唯一存在,而物质是宇宙空间中的唯一存在,网络空间的数据呈现出不可控性、未知性、多样性、复杂性等自然界的特征,进而给出了数据界的概念,数据界是网络空间的所有数据。在数据界中人类面临的主要问题是:在数据时代,数据跨越地理疆界,将会有新的国家形态出现,社会、政治和军事也都产生新的形态。数据界有一些科学问题,如数据界有多大、数据以什么方式增长、数据如何传播、数据的真实性如何判断等,这些问题不是自然科学和社会科学的研究范畴,需要一个研究数据的新科学,称为数据科学。

数据已经自成一界了吗?数据是客观存在的吗?今天,全球数据总量正从GB、TB、PB、EB到ZB,正向YB扩展,似乎已然成了气候。

这些数据不管是沉睡在数据磁带库里、在硬盘文件里,还是印刷在纸张上,总之就在那里。如果人们不去关注它们,这些数据要么一直存

194

在下去，要么自然地消失掉，就像从来没有过一样。这就像一片与世隔绝的原始森林，人们没有去涉猎其中，并不影响森林里千姿百态的生物的恣意生长和灭亡。从这一点看，数据似乎真的有自己的客观存在，存在于自己的"数据界"里面。不过，如果换一个角度，这些数据要么是人类创造的，要么是人类感知或者测量的，并最终靠人类记录的。离开人类的活动，它们或许就不会产生，也就不能单独存在。比如，人们可以用温度计测量温度的变化，但如果没有人类测量，自然界并没有量化温度这个事，也就无从记录温度的数据。这样理解，数据可能还不能自成一界，还只是人类对自然和社会属性的一种描述。

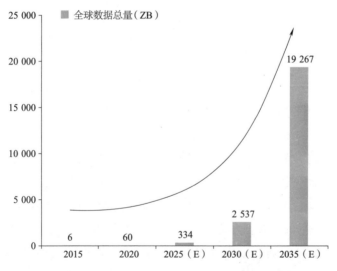

新摩尔定律主导下2015—2035年全球数据总量呈增长趋势

所以数据界的概念已经是一个哲学的概念，而一旦涉及哲学，没有个几百年恐怕是争论不清楚的。不管数据界是否真的存在抑或是数据只是客观事件的一种精确表示，数据都已经成为我们认知世界的一种手段，我们暂且只需要关注由人类创造、记录或存储的这些数据，并从数据中发现事实、发现规律。

2. 眼花缭乱的元宇宙

数据的世界是什么样的世界？是不是就是现在火热的"元宇宙"呢？

元宇宙这个术语"Metaverse"是由尼尔 斯蒂芬森于1992年在其科幻小说《雪崩》中提出的。跟现实中一样，元宇宙的开发商也会开发街道，建造建筑、公园、标志以及现实中不存在的东西，如巨大的盘旋在头顶的灯光秀、无视三维时空规则的特殊街区以及人们可以去猎杀对方的自由战斗区。从这个角度来看，元宇宙是一个大型的虚拟现实场景。目前，行业内普遍认为元宇宙还包含"虚拟原生"以及"虚实共生"的双重定义，元宇宙的虚拟世界是利用科技手段创造的，并与现实世界连接、映射和交互，是具备新型社会体系的数字生活空间。从这个角度看，元宇宙有类似于数字孪生的意思。

元宇宙的前缀meta-源于希腊语前置词与前缀"μετά"，意思是"之后""之外""之上""之间"，进而延伸出"有变化的""超出一般限制的""超越什么的""关于什么的"之意。我们常说的形而上学，英文就是metaphysics，字面意义是"超越"物理学的学问，引申指对世界本质的研究，即研究一切存在、一切现象（尤其指抽象概念）的原因及本源。

我们也可以把现实宇宙空间看作由数据定义、物质构筑的宇宙，举一个很好理解的例子，一对同卵双胞胎，从受精卵细胞分裂那一刻开始，就是两个完全独立的个体，却在出生和成年后长成两个一模一样的人。决定他们生长的是一段共同的基因，而生物的基因是能够遗传且具有功能性的一段DNA或RNA序列，是一段编码的核苷酸序列，是一种生物意义上的"数据"。

这样理解，用"元"的意思来描绘的元宇宙，就应该是"超现实的""关于宇宙的"宇宙，那"数据界"还真有点元宇宙的意思。

关于元宇宙的定义，很多人都引用了Roblox公司在其上市招股书里列出的关于"元宇宙"的八个特征，其中，明确提出了Roblox平台的八大关键特征，Roblox公司描述其平台的运营方式是接近《雪崩》作者斯蒂芬森的愿景的。

Roblox平台的八大关键特征

这八大关键特征确实也可以用来总结目前主流元宇宙观点所关注的内容：

• 身份：元宇宙的用户都有独特的身份，并允许他们在元宇宙中以其想成为的替身来表达自己的想象。

• 朋友：元宇宙的用户可以与朋友互动，不管这些朋友是他们在现实世界中认识的，还是在元宇宙中认识的。

• 沉浸感：这是元宇宙最吸引人的特征，随着技术的不断进步，那种身临其境的3D体验将会变得越来越有吸引力，最终达到与现实世界难以区分的地步。

- 随时随地：元宇宙的用户、开发者和创造者来自世界各地，用户可以随时进入和体验元宇宙。

- 易用性：借助开发技术和访问技术的进步，元宇宙的创造者、开发者和玩家用户都将会有轻松、易用的体验。

- 内容多样：无数的创作者和人工智能将不断扩展元宇宙的疆域，丰富各种五花八门、极具个性的虚拟内容。

- 经济系统：会有一个建立在虚拟货币基础上的充满活力的元宇宙经济体系，以吸引用户、开发者和创作者乐于在元宇宙中创造与消费。

- 安全：元宇宙需要以促进人类文明为目标，仍然必须遵循现实世界的法律和规则，以确保用户安全。

由 Roblox 公司引领的这波元宇宙浪潮仍处于社交、游戏场景应用的初级阶段，更多强调了元宇宙的虚拟体验和社交特性。但元宇宙正在生长和增强的过程中，随着元宇宙中虚拟内容不断增加、内容设计更多地融合有趣的虚拟叙事性、元宇宙展示与交互技术的迅速进步，使元宇宙身份识别和经济体系得以构建，用户的体验会越来越好，将吸引越来越多的人在其中消磨时间和消费，会逐渐将元宇宙拓展成为更独特的运行体系。笔者比较认同元创盛景联合创始人袁昱博士在2022年7月的一次公开演讲中描述的元宇宙：元宇宙既然以宇宙命名，就必须是持久的，而且应该是巨大的、全面的、沉浸的、自洽的。元宇宙既然用 "meta" 来形容，就应该是逼真的、易用的、泛在的，并且可以是去中心化的。狭义上，元宇宙可以简单地定义为持久存在的虚拟现实，广义上，元宇宙是数字化转型的高级阶段和长期愿景。

"持久性"意味着元宇宙必须真正地被产生，而一旦产生就不能消亡，元宇宙中的所有事物都需要创造出来，事物的变化乃至消失要符合逻辑。元宇宙有别于单机版游戏，单机版游戏不管它做得多么逼真，关机后就消失不见了，这不能称为元宇宙。也就是说，元宇宙底层必须有个存在物，这个存在物只能是数据。"巨大的、全面的"自不必赘言，元宇宙的规模一定要大，理论上来讲，元宇宙是现实宇宙的维度升级，其大小与现实宇宙完全没有可比性，可以容纳寰宇八方、亘古洪荒。

元宇宙的空间和内容需要建设，这可能不仅仅需要人力，还需要人工智能的帮助。2022年9月，英伟达发布了一种GET3D算法模型，只需要一块图形处理器，每秒就能产出大约20个模型，并即时生成带纹理的3D形状。这样的能力可能会改变元宇宙开发人员的游戏规则，帮助他们用各种有趣的对象快速填充虚拟世界。

"沉浸式"特征比较好理解，追求更好的体验一直是硬件厂商的追求，持续优化分辨率和刷新频率的显示技术以及支持眼动追踪注视点渲染等新技术，可以让元宇宙的使用者长时间舒适使用AR和VR头戴式设备。此外，未来摆脱眼镜和头盔的全息投影设备将带给人们真正的沉浸式体验。

"自洽性"则要求元宇宙要符合一定的逻辑，元宇宙中的个体受限于场景和其他个体，并不能随心所欲。元宇宙中的叙事性设置也不能自相矛盾，不能违反人类普遍遵循的规则。

现在以Roblox公司为代表的"初代"元宇宙可以看作狭义的元宇宙，即持久存在的虚拟现实。一个有趣的现象是，2022年9月27日，实体零售商沃尔玛宣布将"登陆"Roblox平台，并为年轻用户打造了两款新的体验产品："沃尔玛乐园"和"沃尔玛游戏世界"，而此前耐克、三星、VF、Gucci、Spotify等巨头已经入驻Roblox平台。Gucci在元宇宙推出旗下包款的限量虚拟版，虚拟包定价5美元，后来炒作到4 000多美元，比实体包售价3 400美元还高。2022年9月，Roblox平台日活跃用户达到5 780万人，同比增长23%。

而作为数字化转型高级阶段和长期愿景的广义元宇宙则还在探索中。有人预测，到2027年，全球超过40%的大型企业机构将在基于元宇宙的项目中使用Web3.0技术、增强现实云和数字孪生的组合来增加收入。随着工业元宇宙、建造元宇宙和元宇宙城市的构建和持久生长，人类终将迎来一个新的世界。

3. 元宇宙的数据本质

相比元宇宙，数字孪生本身概念非常清晰，就是现实世界在网络空间中的真实反馈，无论是数字孪生工厂、数字孪生城市，甚至数字孪生地球，本意都是通过感知数据，在虚拟空间内建立包括人、物、环境等要素在内的拟真的动态孪生体，实时地还原真实世界并影响物理世界，强调物理真实性，强调双向进化、虚实联动。

数字孪生可以看作众多元宇宙中的一维，但元宇宙并不是数字孪生，元宇宙并不是现实世界完全镜像到虚拟世界中，元宇宙直接面向人的感知，强调视觉沉浸性，展示丰富的想象力和沉浸感，即是为人的感受而生的虚拟现实。举一个例子，在一个迪士尼乐园的数字孪生里，公园的管理方可以实时掌握设备的运转状态并加以维护，玩家也可以虚拟地体验乐园里的各种游乐设施。但是玩家在元宇宙的迪士尼乐园里，除了能够实现现有设施的虚拟驾乘，还可以上天入地，获得现实世界中无法体会的超感体验。

其他林林总总的元宇宙是现实宇宙的数字延伸和维度扩展：一个自然人可以在元宇宙中拥有N个多线程的分身，有各自不同的替身形象。每个替身在元宇宙中的行为其实都是数据，是真实发生的，如果没有这些数据，元宇宙也是空荡荡的。有一个例子就很骨感，虽然Roblox平台日活跃用户达到5 000万的规模，但数据显示，号称估值10亿美元的

Decentraland 元宇宙平台在 2022 年 10 月 7 日全天只有 38 个活跃用户。

　　没有数据就没有元宇宙。但是数据只有一份，当一个人以一种化身在一个元宇宙中行动时，其他宇宙的数据从何而来？可以用人工智能吗？当然可以，但是人工智能替身在元宇宙经历的，玩家如何体验？那还是元宇宙吗？

　　因此，元宇宙的本质是数据，元宇宙的场景可以是虚拟的，但数据必须是真实的。一方面，现实世界的数据可以传递给虚拟世界，即感知现实环境，不管是数字孪生环境，还是人的交互行为，都是通过大量传感器、摄像头、激光雷达、三维捕捉设备、触觉服饰和手套、手环，甚至类似人工神经纤维的设备采集了数据，再传递到元宇宙里，或者转化为元宇宙中的行为，或者改变了元宇宙中虚拟事物的状态。另一方面，在体验环节，需要把虚拟世界的数据翻译给现实世界，将元宇宙中的大量数据表达的内容，经由虚拟现实、增强现实、混合现实技术（连同视觉、触觉和其他知觉交互技术，统称为扩展现实）构建的大规模生态系统实现。

　　是数据创造了元宇宙，又是数据生生不息，最终转化为元宇宙里面的花花世界。

数的脑洞：黑方碑

当人类面临毁灭，留下什么能够延续文明？许多科幻作家都在作品中描述过这个有趣的话题，其中一个思路是最奇特的，那就是留下一块黑方碑。

这块黑方碑用当时人类最为精密的技术制造，全部由碳原子紧密聚合而成，因此，它是一块巨大的钻石！这块钻石碑上什么都不要写，只需要严格按照比例制造出来。

数千万年过去了，这块黑方碑在地球上经历了沧海桑田，人类的所有痕迹已经被大自然消磨殆尽，甚至所有的生命都消失了，地球重新进入了亘古洪荒时代。一队外星人来到地球，看到了这块黑方碑，他们仔细地研究，百思不得其解，黑方碑光滑如镜，没有任何文字刻画，内部也是致密的碳原子结构，没有任何信息。但外星人明白这显然不是自然形成的，一定携带有某种文明信息。

他们忽然发现一个问题，这块黑方碑的高度与长度之比、长度与宽度之比是一样的，而且无论他们如何精密测量，这个比例始终保持一致，直到他们测量到原子级别的极限，还是同样的比例，这显然是有意为之。这个比例是一个位数非常巨大的无限不循环小数，这就是人类留给未来的信息，一个"数"！

　　外星人尝试了不同的进制，将这个数破译为信息，他们从数字最前面的部分得到了自解码表，信息就是用这个自解码表编译成数字组成。紧接着，他们首先恢复了一个规则排列的表格，经过与采集的地球元素的比对，他们识别出这里表示的是碳、氮、氢、氧、磷等基本元素原子中的质子数，这是一张元素周期表！紧接着，他们从一组数字中识别出一个个由基本元素组成的复杂三维结构。利用地球上遍地都是的基本元素，外星人很快构造出了简单的糖、碱基、氨基酸等有机高分子，借助外星文明对生命的理解，一个基本的细胞被构造出来。

　　他们又从数据中识别出一串长长的对偶信息，这是一段非常有规律的编码，却只有4个基本符号，这是一个人的DNA！它被植入细胞中，奇迹发生了，细胞开始分裂，继续分裂，诞生了原始的胚胎。后面的事情就简单了，外星人利用地球人留下的信息造出了一个个的人，他们开始自主生存，文明重新萌芽……

存储容量单位

符　　号	中文表述	词头名称
b（bit）	比特	位
B（Byte）	字节	字节
KB	千字节	千
MB	兆字节	兆
GB	十亿字节	吉［咖］
TB	万亿字节	太［拉］
PB	千万亿字节	拍［它］
EB	百亿亿字节	艾［可萨］
ZB	十万亿亿字节	泽［它］
YB	亿亿亿字节	尧［它］

[1] 令狐若明. 古代埃及的档案 [J]. 史学集刊，2005（2）：68.

[2] 江海云. 汉简中所见的河西开发及启示 [J]. 敦煌学辑刊，2007（4）：353-360.

[3] 阳飏. 居延汉简：瑞典人贝格曼掉了一支钢笔 [J]. 档案，2015（8）：20-23.

[4] 中国社会科学院考研研究所，等. 里耶古城·秦简与秦文化研究 [M]. 北京：科学出版社，2009.

[5] 曹飞羽，李润泉. 四十年来小学数学通用教材的改革 [J]. 课程·教材·教法，1989（10）：1-8.

[6] 令狐若明. 古代埃及的档案 [J]. 史学集刊，2005（2）：69.

[7] 杨维维. 浅析我国历史上官厅会计教育的演进 [J]. 时代金融，2014（5）：207.

[8] 中国科学院考古研究所. 居延汉简甲编 [M]. 北京：科学出版社，1959.

[9] 康均，王涛，胡君旸. 中国古代记账方法的发展——定式简明会计记录方法 [J]. 财会学习，2007（5）：69-71.

[10] 孟德斯鸠. 罗马盛衰原因论 [M]. 婉玲，译. 北京：商务印书馆，1995.

[11] 宫秀华. 奥古斯都与罗马帝国初期的人口普查制度 [J]. 世界历史，2001（3）：117-119.

[12] 黎石生. 从长沙走马楼简牍看三国时期孙吴的户籍检核制度 [J]. 湖南档案，2002（2）：40-41.

[13] 赵瑶丹. 宋代户籍制度和人口数问题研究综述 [J]. 中国史研究动态，2001（1）：15-18.

[14] 王思彤. 人口普查的前世今生 [J]. 统计与咨询，2020（4）：48.

[15] H. L. 奥尔德，E. B. 罗赛勒. 概率与统计入门 [M]. 刘宗鹤，吴敬业，倪兴汉，译. 北京：农业出版社，1986.

[16] 陈铁梅. 我国旧石器考古年代学的进展与评述 [J]. 考古学报，1988（3）：357-368.

[17] 周志太. 外国经济学说史 [M]. 北京：中国科技大学出版社，2009.

[18] 储雪蕾. 新元古代的"雪球地球" [J]. 矿物岩石地球化学通报，2004（3）：233-238.

[19] 俞炜华，董新兴，雷鸣. 气候变迁与战争、王朝兴衰更迭——基于中国数据的统计与计量文献述评 [J]. 东岳论丛，2015，36（9）：81-86.

[20] 山克强. 历史朝代兴替的气候冷暖变化背景 [D]. 北京：中国地质大学，2010.

[21] 刘禹，安芷生，Hans W. Linderholm 等. 青藏高原中东部过去 2 485 年以来温度变化的树轮记录 [J]. 中国科学（D辑：地球科学），2009，39（2）：166-176.

[22] 李偏，张茂恒，孔兴功等. 近 2 000 年来东亚夏季风石笋记录及与历史变迁的关系 [J]. 海洋地质与第四纪地质，2010，30（4）：201-208.

[23] 章典，詹志勇，林初升等. 气候变化与中国的战争、社会动乱和朝代变迁 [J]. 科学通报，2004（23）：2468-2474.

[24] 卞毓麟. 海王星谈往 [J]. 科学，1996，48（3）：46-48.

[25] 刘珈辰，钱宇佳，黛博拉·肯特. 戏剧性的海王星事件 [J]. 世界科

学，2012（2）：59-63.

[26] 李舒亚. 王小云：密码学家的人生密码 [J]. 决策与信息，2010（1）：
48-49.

[27] 李杰，刘宗长. 中国制造2025的核心竞争力——挖掘使用数据 [J].
博鳌观察，2015（4）：52-55.

[28] 马化腾. 互联网+：国家战略行动路线图 [M]. 北京：中信出版
社，2015.

[29] 王森. "熵"与《热力学史》[J]. 中国图书评论，1991（4）：98-99.

[30] 华为技术有限公司. 智能世界2030 [R]. 深圳，2022.

[31] 朱扬勇，熊赟. 数据学 [M]. 上海：复旦大学出版社，2009.